達文西的飛行機器

LEONARDO On Flight by Domenico Laurenza

多明尼哥・羅倫佐◎著　羅倩宜◎譯

Leonardo's manuscripts and drawings, all available in the Edizione Nazionale Vinciana (Giunti), and are found in the following locations (the letters in the first column correspond to the abbreviations in the text):

A   Manuscript A (ca. 1490-1492), Paris, Institute de France
B   Manuscript B (ca. 1487-1490), Paris, Institute de France
CA   Codex Atlanticus (folios from various periods), Milan, Biblioteca Ambrosiana
CF III Codex Forster III (ca. 1493-1496), London, Victoria and Albert Museum
CT   Codex Trivulzianus (1487-1490), Milan, Castello Sforzesco, Biblioteca Trivulziana
CV   Codex 'On the Flight of Birds' (ca. 1505), Turin, Biblioteca Reale
E   Manuscript E (1513-1514), Paris, Institute de France
G   Manuscript G (1510-1515), Paris, Institute de France
K^1 Manuscript K^1 (1503-1507), Paris, Institute de France
L   Manuscript L (1497-1504) Paris, Institute de France
M   Manuscript M (1495-1500), Paris, Institute de France
Md I   Manuscript Madrid I (1490-1508), Madrid, Biblioteca Nacional, Manuscript no. 8937
W   Windsor Castle, Royal Library (folios and manuscripts from various periods)

Cover
Experimental studies for the flying machine (B 88v, detail), and a working model of the flying machine based on Leonardo's drawing (B 74v; Florence, Istituto e Museo di Storia della Scienza).

Frontispiece
Study for the flying machine (B 75r, detail).

On the next page
Experimental studies for the flying machine (B 88v, detail).

Concept and editorial co-ordinator
Claudio Pescio

Editor
Augusta Tosone

Translation
Joan M. Reifsnyder

Cover design
Renata Silveira and Paola Zacchini

Graphic design and layout consultants
Edimedia Sas, via Orcagna 66, Florence

作者簡介

多明尼哥・羅倫佐（Domenico Laurenza）

世界知名的達文西研究專家，致力研究文藝復興影像史、科學圖像史。他與佛羅倫斯科學史博物館（Istituto e Museo di Storia della Scienza in Florence）合作，並在西恩那大學進行研究工作。著有：《Leonardo La scienza trasfigurata in arte》（1999，米蘭）、《De figura umana Fisiognomica, anatomia e arte in Leonardo》（2001，佛羅倫斯出版）、《La ricerca dell'armonia Rappresentazioni anatomiche nel Rinascimento》（2003，佛羅倫斯）、《He had held the XLIII Lettura Vinciana Leonardo nella Roma di Leone X（1513-1516）》（Giunti編纂，2004，佛羅倫斯）、《全彩珍藏版圖解達文西天才發明》（*Le Macchine di Leonardo*，世茂出版）。同時也是《Leonardo Uomo del Rinascimento Genio del futuro》五部巨作的科學指導與作者。

譯者簡介

羅倩宜

台灣大學外文系畢業，美國蒙特利國際學院口筆譯碩士。曾任總統府、行政院中英文傳譯。譯作類別廣泛，包括：《全彩珍藏版圖解達文西天才發明》、《印度吠陀數學——速解法》、《印度吠陀數學——秒算法》、《放下執念的50個心靈練習》、《食物與療癒》（以上世茂出版）。

本書引用的達文西素描與圖稿，皆收錄於吉恩堤（Giunti）出版社出版的《達文西國家版》（*Edizione Nazionale Viciana*）中。出處茲列於下（最前面為該出處的縮寫）：

A　　　手稿A（Manuscript A，約一四九〇年至一四九二年），巴黎，法蘭西學院（Institut de France）

B　　　手稿B（Manuscript B，約一四八七年至一四九〇年），巴黎，法蘭西學院

CA　　大西洋手稿（Codex Atlanticus，不同時期的手稿），米蘭，安布羅西亞納圖書館（Biblioteca Ambrosiana）

CF III　佛斯特手稿III（Codex Forster III，約一四九三年至一四九六年），倫敦，維多利亞與亞伯特博物館（Victoria and Albert Museum）

CT　　提福茲歐手稿（Codex Trivulzianus，一四八七年至一四九〇年），米蘭，史豐哲斯可堡（Castello Sforzesco），提福茲歐圖書館

CV　　鳥類飛行手稿（Codex 'On the Flight Birds'約一五〇五年），杜林（Turin），皇家圖書館

E　　　手稿E（Manuscript E，約一五一三年至一五一四年），巴黎，法蘭西學院

G　　　手稿G（Manuscript G，約一五一〇年至一五一五年），巴黎，法蘭西學院

K¹　　手稿K¹（Manuscript K¹，約一五〇三年至一五〇七年），巴黎，法蘭西學院

L　　　手稿L（Manuscript L，約一四九七年至一五〇四年），巴黎，法蘭西學院

M　　　手稿M（Manuscript M，約一四九五年至一五〇〇年），巴黎，法蘭西學院

Md I　馬德里手稿I（Manuscript Madrid I，一四九〇年至一五〇八年），馬德里，國家圖書館，手稿no. 8937

W　　　溫莎手稿（Windsor RL），皇家圖書館（不同時期的手稿與素描）

目次

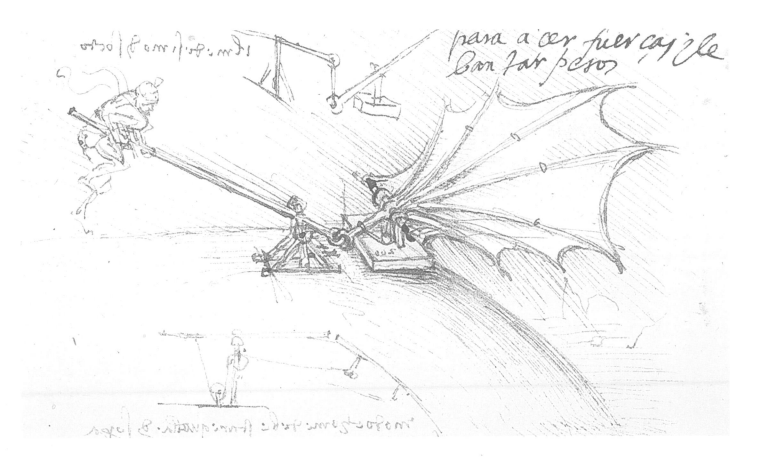

概念的
發　想

飛行是人類最不羈的夢想之一，達文西為了實現這個夢想而開始構思飛行機器，應當是從他待在佛羅倫斯的時期開始。他在這個時期確立了飛行研究方向。這位年輕的天才，在知名藝術家維羅吉歐（Andrea del Verrocchio）的工作室學藝，因而接觸到佛羅倫斯悠久的傳統技藝——舞台機具的製作。戲劇表演中有許多令觀眾嘆為觀止的「特效」，各式各樣的飛行機器就是其中之一。此外，達文西也十分醉心於動物的研究，尤其是有關鳥類的研究。有翅膀的龍、各種奇異的怪物和角色，都是當時佛羅倫斯劇場藝術相當時興的主題。當然，在十五世紀的西恩那（Sienna）也有許多工程師展開了飛行方面的研究，他們設計出許多創新機具，是最早挑戰人類夢想極限的一群人。

前兩頁跨頁:〈天使降臨〉畫中的
天使(佛羅倫斯,烏菲茲手稿,
約1472-1474年)

1和4:兩幅畫作皆為〈天使降臨〉
(佛羅倫斯,烏菲茲手稿,約
1472-1474年);圖4收藏於巴黎
羅浮宮(1478-1482年,只有部

分是達文西所繪)

2. 耶穌誕生的素描,身邊圍著天使
(約1480年,威尼斯,學術手稿
〔Accademia〕,no. 256)

3和5:圖3為聖母百花大教堂中,由
布魯涅內斯基建造的圓頂;圖5為

布魯涅內斯基在工地使用的旋轉
式起重裝置的模型。該起重裝置
是根據達文西的手稿所製造,達
文西和其他工程師一樣,都在研
究布魯涅內斯基所使用的機械裝
置(佛羅倫斯,科學史博館
〔Istituto e Museo di Storia della
Scienza〕)

1

2

3

4

舞台機械

　　大約在一四六九年,達文西離開
家鄉文西鎮(Vinci)來到佛羅倫斯,
到知名藝術家維羅吉歐的工作室拜師
學藝。除了不斷推出繪畫及雕刻等各
種傑出的藝術作品(圖4、16、26),
維羅吉歐的工作室和當時許多知名佛
羅倫斯藝術家的工作室一樣,也製作
各式各樣的物件,從武器到教堂的大
鐘都有。在工作室承接的案子當中,
很重要的一部分是製作節慶和劇場表
演用的布景和道具,主題則包括宗教
及眾生百態等。

　　在當時佛羅倫斯的劇場中,除了
表演本身,很重要的一部分是場景的
移動和轉換。為了成功地換場,舞台
上運用了一種叫作「ingegni」(拉丁
字源為「ingenium」,指與生俱來的
技藝或天分,也是英文「engineer」
的字根)的舞台機械,構造相當複
雜。觀眾宛如置身在一幅幅「栩栩如
生」的畫作之中,即便是舞台上的演
員,都要受到場景和布景變換的主
導,而這些換場的機械,正是佛羅倫
斯藝術工作室的精心傑作。

　　一四三九年,蘇茲達爾主教
(Abraham the Bishop of Soudzal)來
到佛羅倫斯,他的手札詳實地描述了
當時的劇場表演。在宗教劇演到〈耶
穌升天〉(Ascension)那一幕時,主
教在手札上表示他感到十分驚奇,
「天空打開來,天父現身,神奇地從
天而降,而扮演耶穌基督的演員,彷
彿真的是靠自己的力量緩緩上升;沒

6

7

有一點晃動，就這樣上升到相當高的空中。」宗教劇中，〈天使報喜〉（*Annunciation*）那一幕，正巧在佛羅倫斯的天使報喜教堂（Church of Santissima Annunziata）演出，俄羅斯主教對於舞台效果大表讚揚：「天使在一片歡騰樂聲中緩緩上升，他們的雙手上下擺動，翅膀也跟著拍動，就好像真的在飛行一樣。」

一四七一年三月，米蘭公爵加萊阿佐‧馬利耶‧史佛薩（Galeazzo Maria Sforza）來到佛羅倫斯，當地舉辦了盛大的歡迎典禮來迎接公爵，而維羅吉歐就參與了盛典的籌備。由於適逢四旬齋期間，慶典不宜過度鋪張，不過依然可以演出宗教劇。〈天使報喜〉的戲碼在奧特拉諾區（Oltrarno）廣場的聖菲利斯教堂（the Church of San Felice）演出，就在離知名的維奇歐舊橋（Ponte Vecchio）不遠處；〈耶穌升天〉在卡拉密（Cavmine）教堂演出；附近的聖靈教堂（Santo Spirito）則上演〈聖靈降臨〉（*Pentecost*）。

為了迎接史佛薩公爵而表演的這三齣戲，在此之前已上演過許多次，舞台上所強調的，通常都是垂直升降和飛行等特效。在〈耶穌升天〉中，天使從雲端緩緩降下，然後伴著耶穌基督冉冉上升至天堂。〈天使報喜〉在聖菲利斯教堂上演時，大天使加百列（Archangel Gabriel）身後一片光輝，從天庭降至凡間，兩旁有著許多天使陪伴。

這些裝置和角色都是藉由纜線和機器來支撐、推進。當時許多舞台藝術工程師，致力於發明和製作這類機具，例如：一四七一年爲加萊阿佐（Galeazzo）公爵特別演出的〈天使報喜〉戲碼，其舞台製作很可能就是以文藝復興時期佛羅倫斯偉大建築師布魯涅內斯基（Filippo Brunelleschi）在十五世紀上半葉精心打造的劇場裝置爲基礎（圖3、5）。

佛羅倫斯的工作室既能創造偉大的藝術作品，又能打造奇妙的舞台機具，少年時期的達文西就是浸淫在這樣的環境裡。或許就是這種環境，在達文西的心中播下了創意的種子，使他一心想發明飛行機具來模仿鳥類的飛行。

達文西在佛羅倫斯時期可能就已經發想出這些點子了，而不是像後世許多學者假設的，是在他搬到米蘭之後的一四八二年至一四八三年。烏菲茲（Uffizi）的手稿（no. 447 Ev，圖6）是達文西年輕時所繪製的，左下角有個角色身上有像蝙蝠一樣的翅膀（手稿中只完成一邊的翅膀）；它的右側是一個機械裝置，其功能是推動更大型的翅膀（圖9），圖中隱約可以看到大翅膀的形狀，它和右上角的一條操作桿相連（圖10）。這些素描描繪的都是一部有翅膀的機器，也就是飛行機器。只是它的用途十分明確。

有著蝙蝠翅膀的圖像（圖7），還有頭部、胸部，也有像是尾巴的東西（也可能是天使的短袖長袍一角）。另

8

9

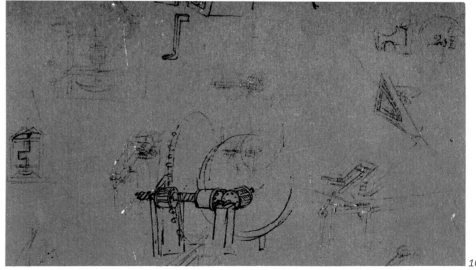

10

11-15：有翅膀的飛行裝置，可能是
　　　 用於劇場表演。圖12中央及圖14
　　　 中的飛行裝置，造型皆模仿自船
　　　（約1480年，CA 991r、156r、
　　　 144r、860r、858r）

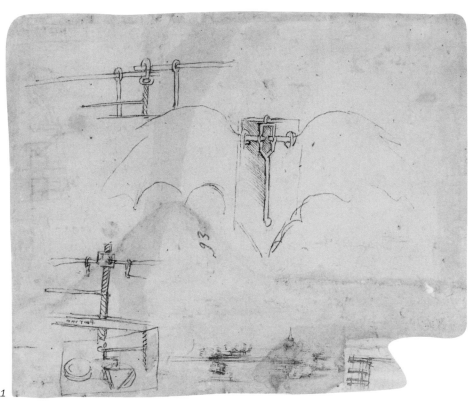

11

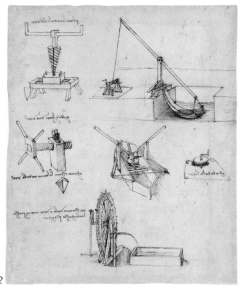

12

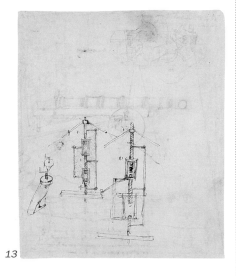

13

外還有兩個三角形的構造，在頂端和底部交會，最後延伸為纜線或懸吊裝置。三角形上方的頂點延伸成清晰可見的纜線，然後再嵌入上面的滑輪。

　　如此解讀下來，這個素描就不單純只是達文西晚年所研究的飛行機器，而是舞台裝置的設計圖，用來讓戲劇中的天使或魔獸能靠纜線吊在空中飛行。類似的舞台作品在佛羅倫斯的文獻中都有記載，例如：一四五四年聖約翰（St. John the Baptist）慶典中，遊行隊伍行經佛羅倫斯街頭，其中一輛遊行花車演出天使長米迦勒（Michael the Archangel）大戰路西法（Lucifer）的戲碼。突然間，花車停了下來，天使開始對決。表演最後，路西法遭到驅逐，他的部隊也被逐出天堂。另一位傑出的十五世紀工程師喬凡尼·馮塔那（Giovanni Fontana，一三九三年至一四五五年），也在他的著作《武器論》（*Bellicorum Instrumentorum Liber*）中，設計了一部慶典及舞台用的有翅膀機器，翅膀上繪有網膜（圖8）。

　　先前提到的幾幅素描，其中所畫的特殊動力機具，應當也是應用於劇場之中（圖9）；它的構造包括一隻翅膀，連接到一個操作桿，桿子的活動範圍受到托架限制，因此，往復推移的動作雖然能帶動翅膀拍擊，但尚不足以升空飛行。達文西很可能並不是要讓它飛，而只是想製造拍打的動作，讓舞台表演更為生動。

　　在牛津手稿（folio in Oxford）中

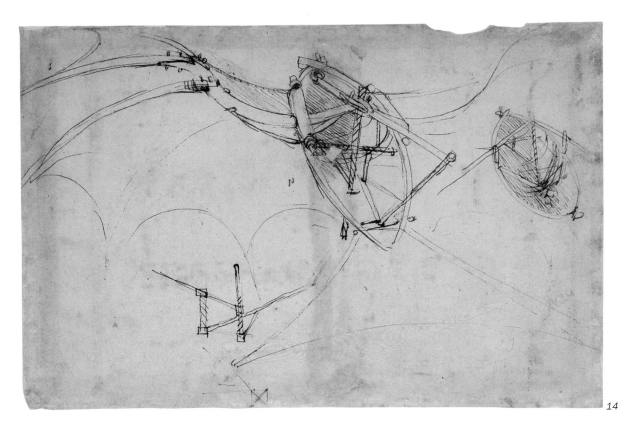

14

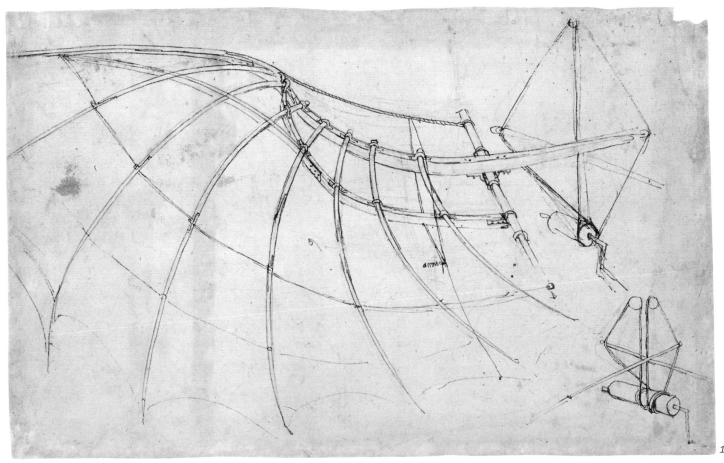

15

16：達文西和維羅吉歐的工作室所製作的競技用旗幟（約1475年，佛羅倫斯，烏菲茲手稿，drawing no. 212E）

17：舞台裝置，音效擴大機（右上）及能舉起道具的起重裝置（正下方），約1478-1480年，CA 75r

18和20：照明裝置的研究（圖18左上方，約1480年，CA 34r及576av，細部圖）

19：可能是用於劇場表演的飛行裝置（牛津大學的Ashmolean藝術考古博物館，細部圖）

21：鳥類飛行的路徑圖，在手稿另一邊（圖6）畫有舞台用的飛行裝置（約1480年，佛羅倫斯，烏菲斯手稿，no. 447Er，細部圖）

16

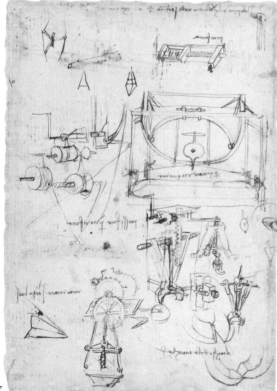

17

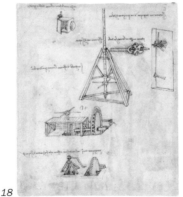

18

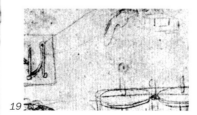

19

也可看到類似的裝置，有個方形平台支撐著支桿，支桿又與翅膀相連（圖19）。在這個設計圖中，每一側各有兩片翅膀。

達文西仿造翅膀的動作，目的不在於飛行，而是為劇場觀眾製造驚奇，他在這方面下的功夫，可能也包括一四八○年所進行的研究（圖11-15、圖34）。在這些研究當中，翅膀的動作是根據連動原理；操作桿與中央一個垂直的螺栓連結，當手左右移動操作桿時，便會帶動螺栓，而使翅膀上下拍動。這裡的操作桿和烏菲茲（Uniffizi）手稿裡的一樣，活動範圍有限，因此僅能讓翅膀拍擊，而無法升空飛行。事實上，這個裝置並沒有出現在達文西往後的飛行研究資料裡。

中央的螺栓穿過整個裝置，向上及向下延伸，顯示它也做為懸吊纜線之用。另外兩幅素描（圖12、14）所描繪的裝置，中央有著類似船的龍骨，其中一幅（圖14）的旁邊有著覆膜的巨大翅膀，還有條大尾巴，顯示這些也是用在劇場表演的設計。

達文西應該在初抵米蘭時，就對劇場機械產生濃厚興趣，不過，即便在佛羅倫斯的頭幾年，也能看出他對戲劇製作的興趣和投入。

少年達文西替維羅吉歐工作時，可能已經參與遊行旗幟的製作，如烏菲茲（no. 212E，圖16）手稿所示。在大西洋手稿（75r，圖17）中，有一部機器（右上方的主體）是用來

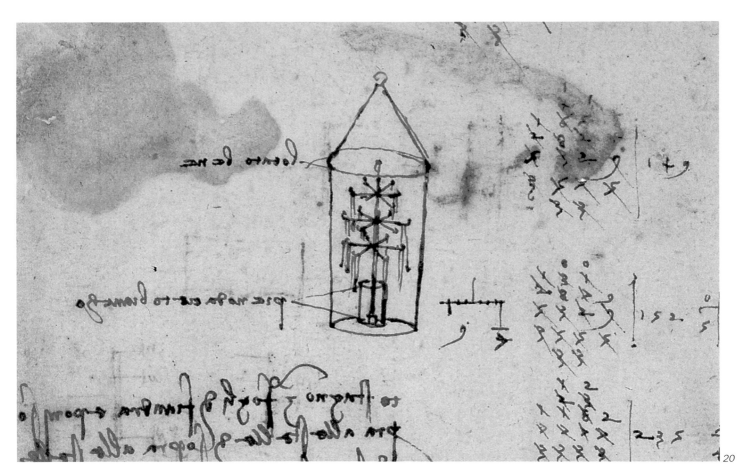

20

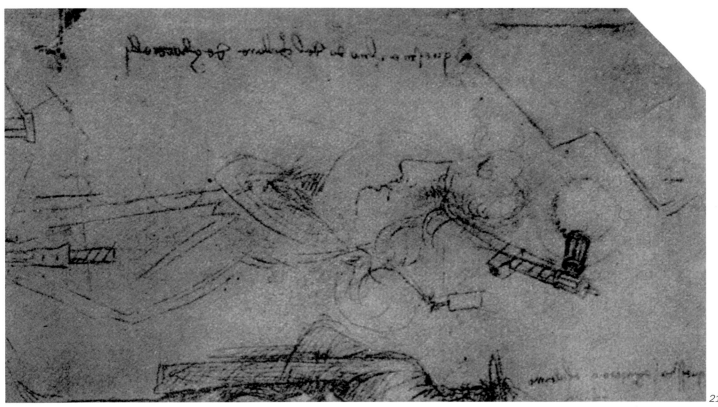

21

22、24和25-26：
文藝復興畫家保羅·烏契洛
(Paolo Uccello) 所畫的兩種版本
的聖喬治屠龍（為聖經故事），前
者大約繪於1465年，收藏於巴黎
的雅峇馬安德烈博物館 (Musee
Jacquemart-Andre)，後者大約繪
於1470年，收藏於倫敦國家藝廊

(National Gallery)。圖23為達文
西的手稿（約1480年，
W 12370r），被認為是維羅吉歐
製作的大理石洗手台（佛羅倫
斯，聖羅倫佐會堂的聖器安置所
〔Florence, Sacristy of San
Lorenzo〕）。上述圖例顯示15世紀
佛羅倫斯藝術很時興「有翅膀的

怪獸」這類主題

23：達文西在研究飛行機器的手稿
（圖6）背面，畫了鳥類下降的飛
行路徑（左上）；可見達文西從
舞台裝置轉而研究大自然的定律
（約1480年，佛羅倫斯，烏菲茲
手稿，no. 447Er）

22

23

24

「發出巨大的聲響」，顯然也是用在劇場表演。

在這部機器的正下方，達文西畫了一個螺旋裝置，末端是一個彎勾，下方附加了一個手把，整個裝置是裝人體軀幹下方，附帶有一雙腳，腳上還穿了長褲襪，顯然也是舞台道具。達文西在手稿背面註記著「投射大型燈光」，似乎是有關燈光的處理，也跟劇場有關。在其他筆記和素描裡也可看到類似的主題，像是描繪燈籠的手稿（CA 34r及576av，圖18、20），都是在同一時期繪製的。達文西在576av這張手稿中寫著：「放在星星上方」，證明也是關於舞台布景的設計。

目前為止我們所討論的，只占十五世紀佛羅倫斯藝術工程師基本功夫的一小部分而已。不過，達文西遠遠超越了這個層次，他的飛行機器計畫與他對動物的研究息息相關。

達文西在烏菲茲手稿的背面寫下「這是鳥類下降的方式」等字，並在旁邊標示了路徑（圖21、23）。這雖然是獨立的註解，素描也很潦草，不過卻是相當重要的線索，顯示達文西不僅是發明舞台道具而已。達文西設計的機械裝置能夠做出拍擊翅膀的動作，雖然只是在視覺上模仿自然界生物的行為，而且僅用於劇場，但實際上這與他對鳥類飛行的觀察有密切關係。

達文西對飛行研究的方向自此逐漸清晰，透過徹底解構飛行，他「複

製」並「再造」自然界的飛翔動作。

瓦薩里（Giorgio Vasari）所寫的《曠世畫家、雕刻家與建築師的一生》（*Lives of the Most Eminent Painters, Sculptors, and Architects*）一書中，在有關達文西的描述中提到了梅杜莎頭像（Medusa's head），這是達文西早期的作品。據說達文西的父親塞皮耶洛（ser Piero）要求他替家裡的佃農在木板上畫一幅梅杜莎頭像。當時達文西居住在文西鎮鄉間，瓦薩里寫道，為了畫出梅杜莎，「他偷偷把蜥蜴、蟋蟀、蝴蝶、蝗蟲、蝙蝠及各種奇怪的昆蟲與動物帶進房間，然後把這些昆蟲、動物肢解並重新組合，創造出一個相當恐怖的怪物。」

這個故事雖然只是傳說，卻能看出達文西對動物學興致高昂。當時佛羅倫斯的藝術作品（圖22、24、26），充斥著許多怪物形象，像是有翅膀的龍等。達文西對飛行的興趣，就在這樣的藝術背景下日漸茁壯。

事實上，在烏菲茲手稿的背面，達文西很清楚地畫著一條飛龍，不過翅膀十分模糊，幾乎看不清楚（圖23）。另一幅同一時期所繪的圖，描繪的是戰爭場景，當中也有一條龍，牠的翅膀上繪有網膜，和同一張手稿正面的舞台機具的翅膀，長得一模一樣（W12370r，圖25）。

大西洋手稿裡有一張圖（1051v，圖27、28）則顯示達文西的飛行研究很早就涉及動物研究。這份手稿可能是達文西在離開佛羅倫斯之前或抵達

25

26

27-29：飛行機器的研究，蜻蜓及另
　　一種飛行昆蟲的研究（約1480-
　　1485年，CA 1051v，全圖和細
　　部圖）

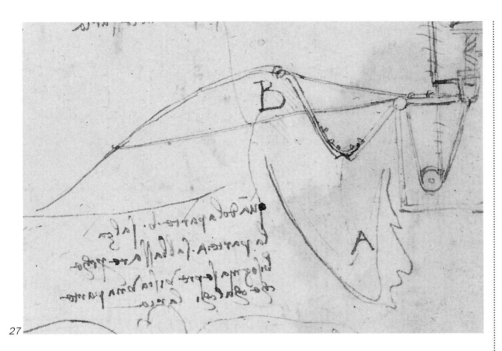

27

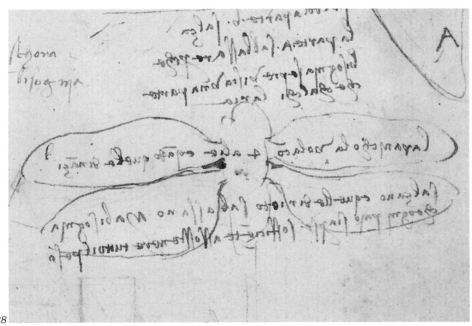

28

米蘭不久之後所繪製的，裡面的素描包括兩隻小動物——蜻蜓和一隻有四片翅膀的昆蟲，而根據瓦薩里的說法，這是達文西在文西鎮的田野間抓到的。在手稿旁的空白處有著長長的註解，像是一種邀請，又像是用來提醒自己，「想觀察四翼昆蟲飛行，去水溝裡找，就會看到黑色網狀的翅膀。」烏菲茲手稿中央有個模糊的素描（圖6，在大翅膀正上方），畫的可能也是兩翼昆蟲或類似的生物。如同前面所說的，牛津手稿（圖19）裡的飛行機器也是每一邊各有兩片翅膀，和蜻蜓一樣。在大西洋手稿裡，動物研究和飛行設計的相互關係就更為明顯了。

　　在動物學方面，達文西對蜻蜓十分感興趣，因為他認為四片翅膀是交互拍擊的；前面那一對翅膀向上，後面那一對就朝下。（達文西在蜻蜓素描上方寫道：「蜻蜓有四片翅膀，前面兩片翅膀向上舉時，後面的就往下拍。不過每一對翅膀必須能完全支撐蜻蜓的重量。」在這些字旁邊，有兩條線連到翅膀，註記著：「一對向上，另一對就向下。」）也就是說，當一對翅膀向上抬並準備往下拍時，另一對在相對低點的翅膀就扮演了承受重量的角色，讓昆蟲能保持飛行。

　　後來，達文西對自然飛行的興趣與日俱增，他透過對飛行的觀察，得以瞭解其中的原理，進而將其運用在機具設計上，飛行機器不但要承受自身的重量，還要能飛行移動。在同一

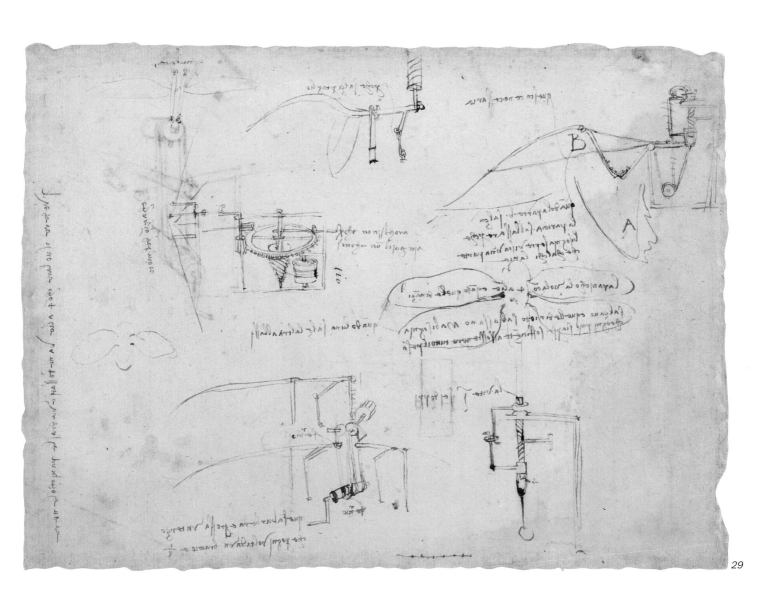

30-33：運用水力的機械裝置，分別為汲水的圖解（圖30及圖33的上方及左方）；測量瀑布重量的方式（圖31），以及水如何轉變為水蒸氣（圖32），（約1480年，CA 19r，全圖和細部圖；1112v，細部圖；26v）

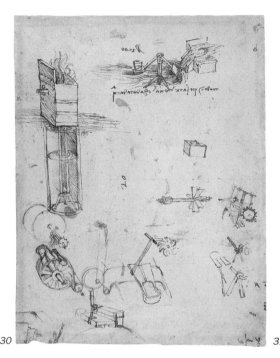

30

31

32

份手稿的右上角（圖27、29）有機械翅膀的研究圖。雖然只是單翼，卻是由A和B兩部分組成，用來模擬蜻蜓的雙翼運動，也就是當前段翅膀向上時，後段翅膀就會向下擠壓空氣（「B段向上，A段必須向下，因為必須要有一段翅膀將氣流往下壓」）。

工藝的「奇蹟」

當時的工匠主要從事舞台裝置的設計，但達文西很早就超越這個層次，他研究動物世界，並設計能夠模擬飛行的機具，然而，這些都只是例證之一。

事實上，他在佛羅倫斯進行的動力推進計畫和設計工作，有一部分是與水、火、土及空氣的物理研究相關；舉例來說，達文西研究過各種汲水的方式（CA 19r、26r，圖30、33），以及如何把水變成水蒸氣的方式（如CA 1112v，圖32），也試圖計算瀑布的「重量」（CA19r，如何秤量水向下流時的重量，圖30、31）。

達文西對空氣的研究是利用一種類比的方式。他畫過兩幅濕度計（CA 30v及Louvre no. 2022，圖35、36），其中一幅大概繪於一四七八年，註記寫道：「如何秤量空氣並得知天氣何時變化。」這個裝置有一個平衡桿，桿子一端掛著一塊能吸水的海綿，另一端則掛著一塊不能吸水的蠟塊。當海綿吸水時重量會增加，這一端便會下降，顯示出來的「重量」等於是空氣加水氣的「重量」。而達

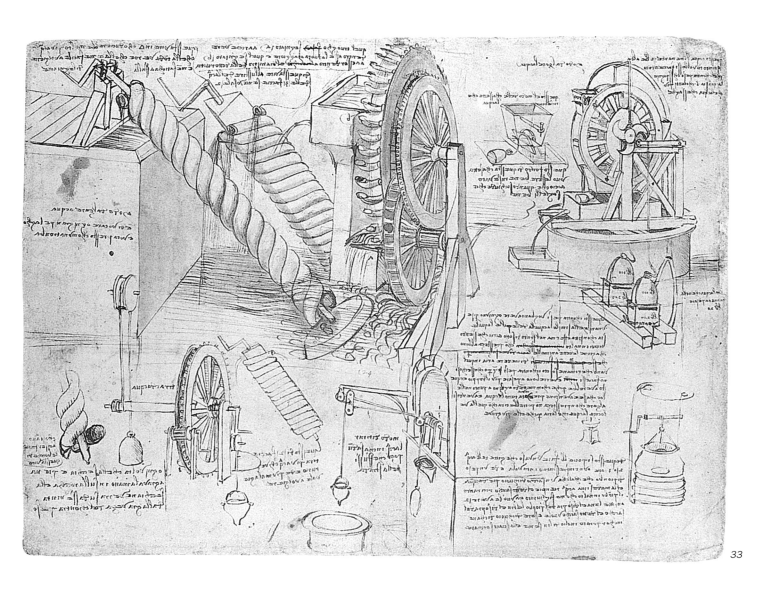

33

34：飛行機器的研究（約1480年，
CA 1059v）

35-36：用來研究空氣的濕度計
（約1478-1480年，CA 30v，細部
圖：Louvre No. 2022，中央上方
素描）

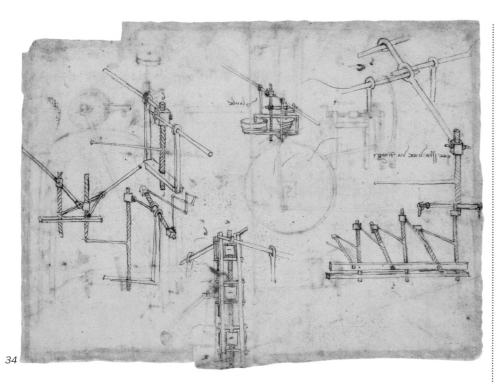

34

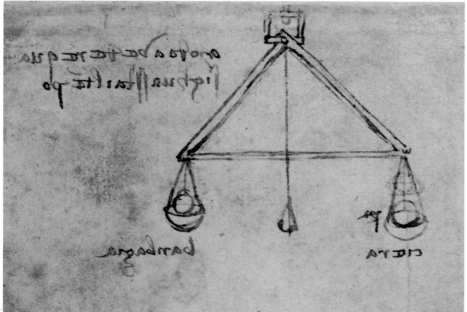

35

文西一向認為水氣是空氣的主要成分。這兩個濕度計並沒有出現在達文西的飛行研究中，但曾出現在後來的其他研究中（如大西洋手稿675r）。

從另一份重要文件可以看出，達文西早期的研究證明了他既是工程師也是發明家。這份文件就是他寫給盧多維哥・史佛薩公爵（Ludovico il Moro）的自我介紹信，時間大約是在一四八二年至一四八三年間，也就是他從佛羅倫斯搬到米蘭的前後所寫的。信雖然不是達文西親自寫的，但幾乎可以確定是由代筆人根據達文西的意思以當時使用的拉丁文寫成的。

在這封信裡面，達文西宣稱自己的工藝技術前所未有、超凡不群，他說自己的才幹在某些人看來，簡直是不可能或辦不到的。達文西在信的開頭就列出幾項研究計畫，稱之為「我的祕密」（secrets of mine），可見從中世紀至文藝復興時期這段期間，很流行大家有「祕密」和創造「工藝奇蹟」。

十三世紀時，知名的自然哲學家羅傑・培根（Roger Bacon，我們現今所用的「科學家」這個稱謂，在當時並不存在，只有所謂的自然哲學家，科學和醫學在當時都是哲學的分支學派）在《藝術與自然的祕密》（*Epistola de Secretes Operibus Artis et Naturae*）一書中列出幾項神奇的發明，例如：不需要槳和划槳手就可以在海上及河裡運行的船；不需動物拖曳也能行走的車；能在水上行走、水

37：錘線裝置，用來測量角度（17
世紀，佛羅倫斯科學史博物館）

38：文藝復興時期的工程師Mariano
di Iacopo（又名Taccola，生存年
代可能是1382-1458年）用來開
鑿隧道的工具，這是15世紀托斯
卡尼工程師的另一項傑作（佛羅
倫斯國家圖書館，Ms. Palatino
766，f. 33r）

下移動的交通工具；把人放在有翅膀的機械裝置中間，也就是讓人能夠飛行的機具。

上述清單看來似乎野心勃勃，卻與達文西寫給公爵的信不謀而合，不過達文西信中卻對飛行機器隻字未提。

這可能是因為飛行機器似乎不具實用性。達文西希望把自己塑造成工程師及藝術家，他在寫給公爵的信函中，特別強調自己創造的作品所具有的實用性，他表示自己的發明近乎神奇，也讓米蘭公爵了解這些發明在軍事及土木工程上的實際用途，這正是米蘭公國需求最迫切的兩大領域（戰爭和水利工程）。在信函最後，達文西也誇耀自己的藝術才華，提到要替公爵的父親法蘭西斯科・史佛薩（Francesco Sforza）立碑。

對於與達文西同時期的工程師和發明家來說，羅傑・培根在中世紀所描繪的科技「大夢」不只是當時的先河而已。

達文西從十五世紀的西恩那工程師身上學到很多。這些工程師勤於發明各種改善航行的裝置，海面上的、海底下的都有，有些則是有關加快在地面上的移動速度或挖掘地下通道的設計（圖38）。這些工程師至少從兩種方向來研究人類在空氣中的移動，即降落傘和一對飛不太起來的翅膀（圖39、40，大英圖書館Ms. Add. 34113、ff. 189v及200v）。

達文西在給史佛薩公爵的信中也

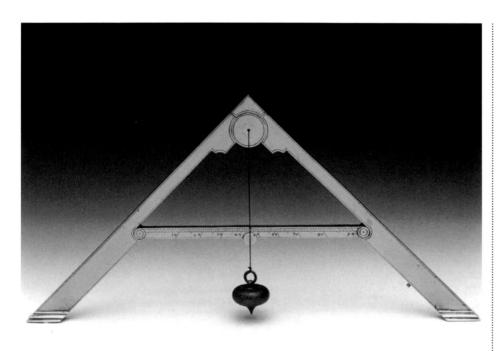

37

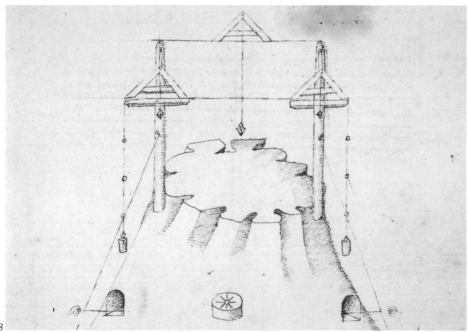

38

達文西
致史佛薩公爵的自我介紹信

「公爵閣下,我鑽研過許多武器製造大師的作品,其中的概念和運作原理與一般日常用品幾乎毫無差異,我想向閣下說明我的祕密研究……。我能夠建造重量極輕又堅固的橋,而且攜帶方便……。我構想了許多海上攻擊和防衛的方式,以及船隻……。我有辦法用隱密而不發出噪音的方式,抵達某一個指定地點,即使必須穿越下水道或渡河,也不成問題。我可以替馬車提供安全的防護,使其不受攻擊……。在太平時期,我自認在建築領域實力不下於任何人……。我擅長雕塑,也懂繪畫,別人能做的,不管他是誰,我都能做到。我們可以先製作銅馬雕像來紀念尊父不朽的尊榮……。如果上述所言,閣下認為有不可行之處,我願意親赴府上或您指定的地點,來證明我所言不假。」(CA 1082,也曾出現在391ar)。

左下圖為大西洋手稿中達文西寫給史佛薩公爵的自薦信,該信是達文西請代筆人所寫,信的內容絕大部分是有關武器的介紹。右下圖為15世紀末佚名的倫巴底(Lombard)藝術家所繪的帕拉·史佛薩(Pala Sforzesca)肖像中的史佛薩公爵圖像(收藏於米蘭布雷拉美術館)。

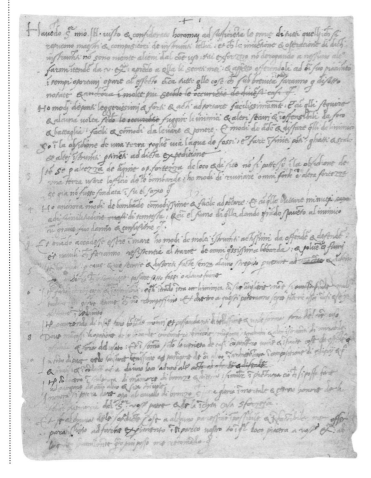

39-40：15世紀佚名的西恩那工程師
有關降落傘的研究（倫敦大英圖
書館，Ms. Add. 34113、ff. 189v
及200v）

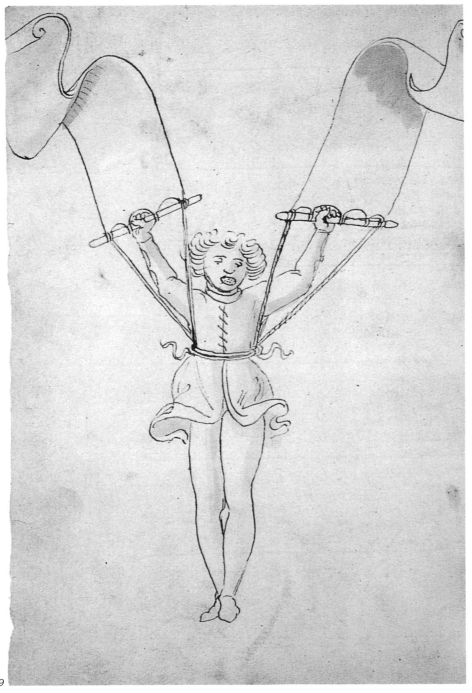

39

提到了航行及地下隧道。他在早期的研究當中，甚至設計了船型的飛行機器（CA 156r及860r，圖12、14）。飛行是一項終極挑戰，是全新且大膽的學門，不過它畢竟只能靠類比的方式，用科學思維來想像若人類能像魚一樣在水下游泳，一定也能和鳥類一樣在空中飛行。

在十四世紀中葉，佛羅倫斯有一系列的雕版圖像，裝飾在聖母百花大教堂（Santa Maria del Fiore）隔壁的喬托鐘樓（Giotto's Bell Tower，圖41）下方。雕刻的主題是人類的誕生、工藝和文學（圖42、43、45）。其中一幅畫的是航行（圖42），以及希臘神話裡的神匠戴德勒斯（Daedalus），很明顯地是在暗示人類飛行的欲望（圖45）。

大約一個世紀後，佛羅倫斯最重要的藝術家兼工匠布魯涅內斯基為聖母百花大教堂設計了圓頂，這項作品比喬托鐘樓的雕刻更為突出。這些雕版彰顯了十四到十五世紀繁榮鼎盛的文化大環境，而在托斯卡尼，由藝術家兼工匠們主導潮流的情況更是前所未有。

在如此充滿創意的氛圍之下，藝術家安第阿‧畢薩諾（Andrea Pisano）在鐘樓雕版上刻畫出人類飛行的夢想，這個夢想在西恩那工程師的持續努力下已逐漸地實現，而達文西也接受了這個挑戰，並將其推向極致。

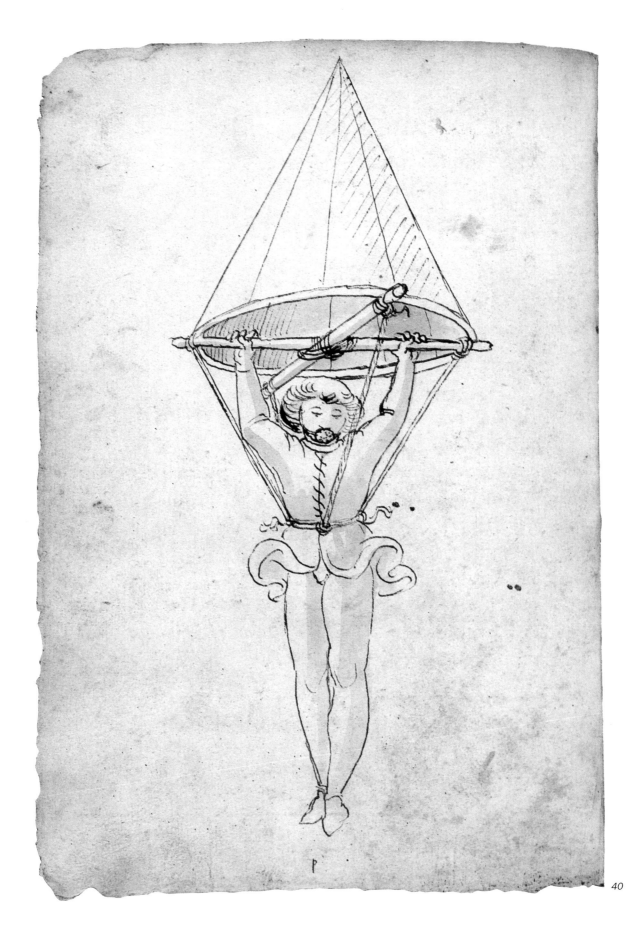

41-43及45：安德里亞·皮薩諾
　（Andrea Pisano，約1290-1348
　年）於喬托鐘樓的雕版畫，描繪
　機械工藝和人文藝術，以及神話
　裡戴德拉斯的飛行，可能暗示著
　人類翱翔天際的夢想，也是第一
　位在作品中述說飛行夢想的工程
　師（圖45）

44：科西莫·羅賽利（Cosimo
　Rosselli）所繪的〈聖班尼其的召
　喚〉（The Vocation of St. Filippo
　Benizzi，佛羅倫斯天使報喜教
　堂），圖上可看到聖母百花大教堂
　圓頂上的銅球；壁畫的完成時間
　是在1475年之前，因此，應該是
　在維羅吉歐工作室（當時達文西

為該工作室的學徒）製作好銅球
並安置於圓頂上之後不久，壁畫
才完成的

41

42

43

44

45

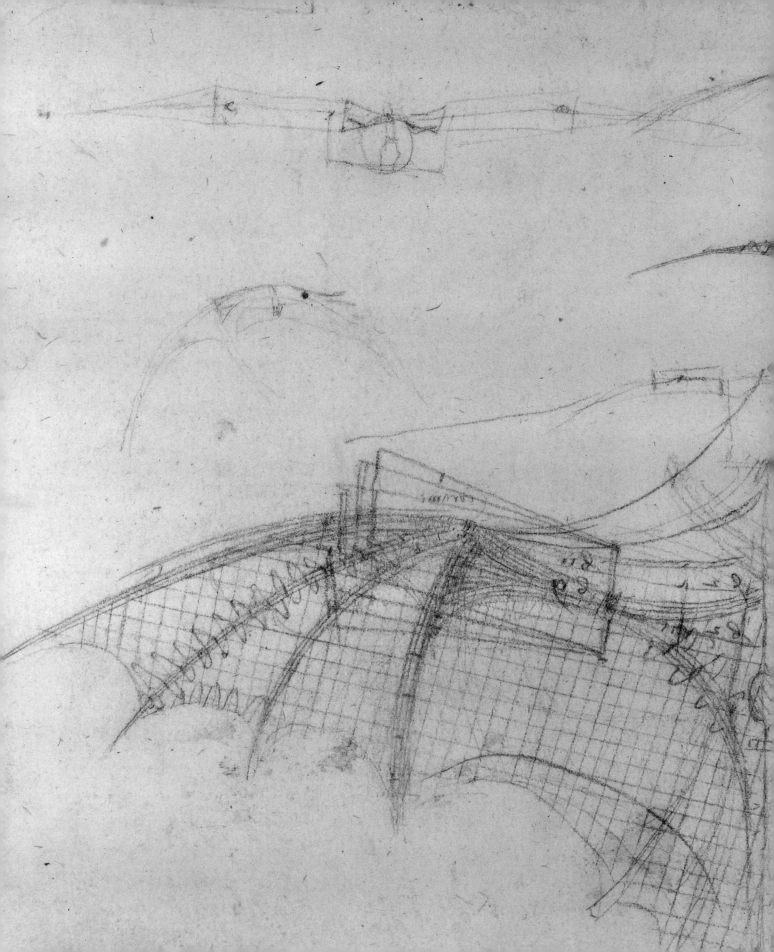

達文西在一四八三年抵達米蘭,十年之後,他開始密集地研究飛行機器。他替史佛薩公爵工作時,更進一步加強理論方面的研究,尤其專注於解剖學和機械原理,這對他的飛行研究很有幫助,同時,他也將人體力學充分應用在飛行機器的研發。他在早期很重視的動物觀察,在此一時期設計「飛行船」或稱「撲翼飛機」(ornithopter)的過程中,漸漸退居次要地位。達文西在這個時期的工作,有很多有趣的發展,都是從他的滑翔翼飛行研究衍生而來。

前兩頁跨頁：飛行機器的研究
（約1493-1495年，CA 70br）

1-4：達文西在大西洋手稿其中一幅
圖稿之中（約1493-1495年，
1006v，全景和細部圖）加入了
說明文字及飛行機器的素描，飛
行機器從天花板吊掛下來，場景

是在米蘭大教堂附近的工作室，
該區實景請見圖4照片。達文西在
同樣的地點替史佛薩公爵的父親
建造了一座巨型騎馬雕像（約
1490年，W 12358r，圖3）

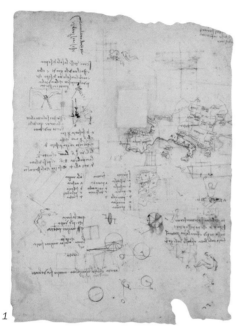

1

2

祕密進行的實驗

「用木板把頂樓的房間封起來，
模型造得又高又大，屋頂還有足夠的
空間，而且這裡的高度比義大利其他
地方都還要高。如果站在塔旁的屋頂
上，別人就沒辦法從旁邊的圓頂上看
到你。」（CA 1006v）。

這段註記出現在大西洋手稿的兩
幅飛行機器素描（圖1、2）旁邊，描
述的是測試飛行機器的方法，講得相
當神祕。此時約為一四九○年代初
期，當時達文西移居到米蘭已有十
年。史佛薩公爵讓達文西使用舊宮殿
（Old Court）的部分空間，公爵於一
四六七年遷至史佛薩城（Castello
Sforzesco）之前，也是住在這個宮
殿。

舊宮殿位於大教堂旁邊，位置就
在現今的王宮（Palazzo Reale，圖4）
所在之處，當年史佛薩公爵都在舊宮
殿接待貴賓，達文西在此居住及工
作。在這段時期，達文西一面建造紀
念公爵父親的銅馬雕像，一面在舊宮
殿裡測試飛行機器。雕像是史佛薩公
爵委託製作的，有詩人形容它很巨
大。銅馬高逾七公尺（圖3），位於羅
馬市中心的古羅馬皇帝奧雷利
（Marcus Aurelius）的騎馬雕像，還有
維羅吉歐在威尼斯所製作的科里歐尼
（Colleoni）雕像都僅約四公尺高。

達文西先用黏土和石膏製作了一
個「陶製」模型，再鑄入銅液（圖
5）。這個工程之浩大震驚了整個米
蘭，轟動的程度，不亞於米蘭感恩聖

3

5：史佛薩之父雕像的鑄造研究圖
（約1490-1492年，W 12349r）

6：人體不同姿勢的比例研究
（約1488-1490年，W 12132r）

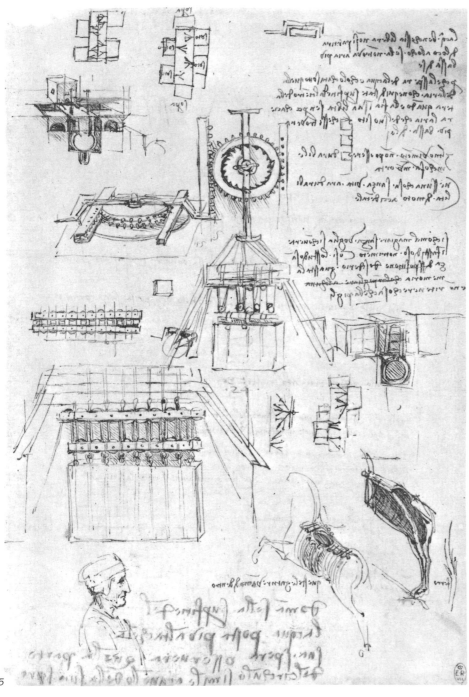

5

母院（Santa Maria delle Grazie）餐廳裡懸掛的達文西曠世巨作——〈最後的晚餐〉（*Last Supper*，圖42-44）。

如果製造出飛行機器的夢想能夠成真，那麼它造成的轟動可能更大，然而，達文西對於自己的飛行研究計畫似乎想暫時保密。從公開文獻來推測，達文西是封鎖了舊宮殿中的一個房間，在裡面建造飛行機器。從一幅小幅素描中可以看到這個階段的飛行機器雛型：用一根線從天花板上把模型垂吊下來，機翼和降落支架都清晰可見。這部飛行機器後來被帶上舊宮殿的屋頂，爲了不讓在附近教堂圓頂上工作的工人看到，還刻意放在高塔旁工人視線不可及之處。達文西在這個實驗背後，其實下了很紮實的理論研究功夫。達文西努力研究動物世界，畢竟這是他飛行研究中很重要的一環，而且他在一四八○年代到一四九○年代，開始對人體及人體的動態可能性產生極大興趣；這個是「以人爲萬物中心」的新研究領域，帶領達文西的飛行研究邁向另一個里程碑。

人體的動態可能性

達文西於一四八三年抵達米蘭之後，雖然如他在自我介紹信所說的，他擁有一身技術本領，卻不具備堅實的理論背景。他不懂拉丁文，而當時官方文件慣用的是拉丁文，因此，達文西開始學習拉丁文。另一方面，他也積極與藝文界人士往來，希望能從他們身上知道該讀什麼書，如果這些

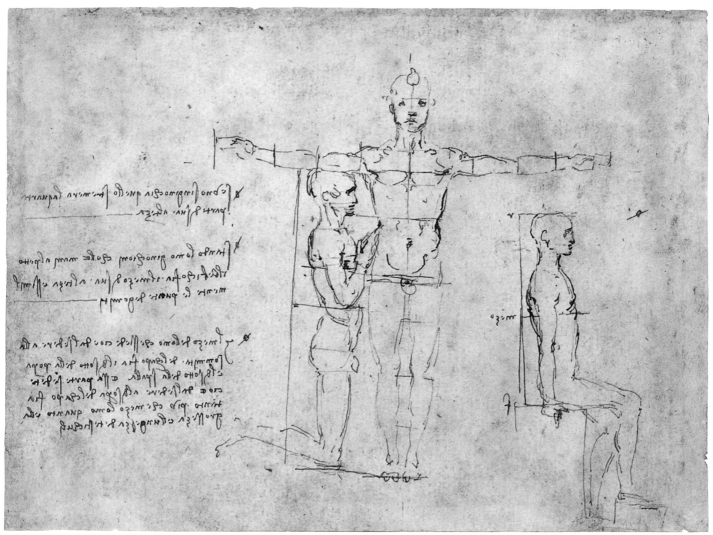

7：人體各種姿勢的動態可能性研究

（A 30v）

8：人體不同姿勢的比例研究

（約1488-1490年，W 12136v，

細部圖）

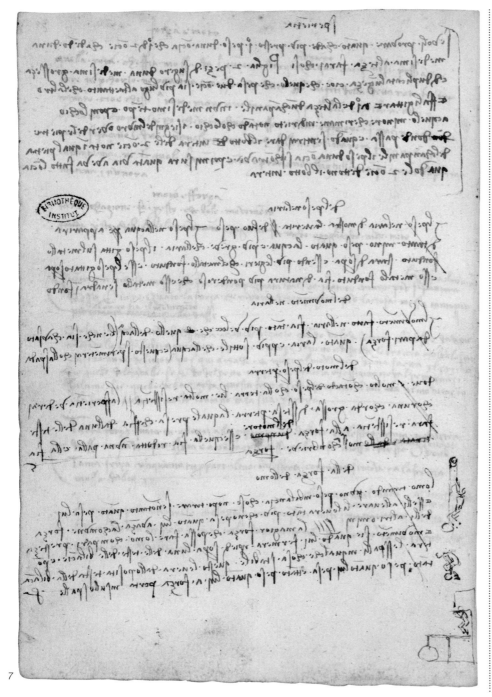

7

人能親自爲他解惑更好。

　　達文西首先研究的領域是機械學。他在一張備忘錄上寫道：「請布雷拉（Brera）的修士教你de ponderibus（約一四八九年，CA 611ar）。」布雷拉的修士是誰不得而知，不過，「de ponderibus」的意思是「重量」的科學，也就是說，機械學牽涉到重量（靜力學）、移動的力或來源（動力學），以及上述兩者的本質學（運動力學）。達文西另外又自修了一門學科──解剖學。

　　從一四八〇年代到一四九〇年代，達文西在米蘭從事的飛行研究，其成果都來自人體解剖學和機械學這兩門學科。他把靜力學和動力學兩原理運用在對人體及人體移動的研究之上。

　　大約在一四八九年到一四九〇年間，達文西針對人體各部位的數據和比例，做了很有系統的研究整理（圖6、8、9）。其中最獨到之處在於，他測量人體各部位的時候，不只是測量單一、固定、靜止的角度，而是不斷地改變人體的姿勢來產生不同數據。除了一般姿勢，也測量了跪姿和坐姿（W19132r）。

　　達文西運用解剖學和機械學的類比系統，找出與人體各部位數據和比例相關的力學（圖7、9、22），他努力研究當人體改變姿勢時，產生的力學作用有何不同。

　　有時候，這兩類研究出現的位置很接近，甚至出現在同一份手稿上，

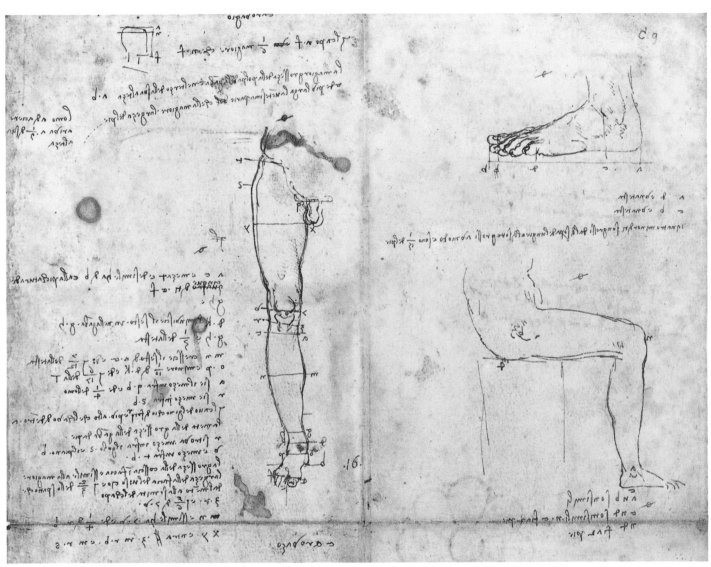

8

9：計算人體比例及動態可能性研究
（約1488-1490年，W 19136v）

11-12：人體在飛行時的動態可能性
研究（約1485年，CA 1058v）

10：人體比例與動態可能性研究
（B 3v）

13：人體動態可能性研究
（B 90v，頁面中央）

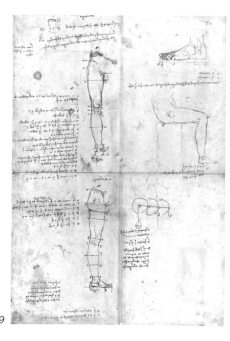

9

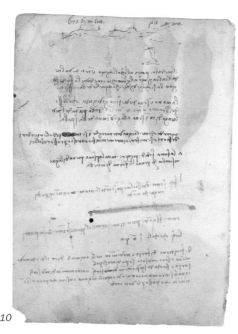

10

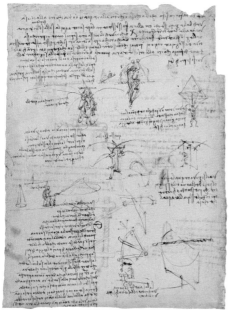

11

12

例如W19136-19139v（圖9）或B3v
（圖10）。

達文西於米蘭時期所做的一系列
研究，是他最早期的飛行研究
（CA1058v，圖11），而在同一時期，
他對人體力學的研究，在風格上與飛
行研究十分類似，在許多份手稿上都
可以看到，例如，達文西把人放在大
型秤重器上（圖11、12，圖左下方邊
緣處），藉以計算人體產生的力量。

在這個例子中，人與飛行機器結
合；他站在秤重器上，同時揮動著機
械翅膀。在同一份手稿中，達文西提
出了一個問題：正常情況下，下列情
況哪一個比較重？人採直姿，用腳向
下推？或者仰躺著用力前推？事實
上，他在其中一幅素描（左上方）中
畫了兩個人操作同一部機器，一個人
在動的時候，另一個人可以休息。

一個例子是手稿B 9v（圖13），
達文西畫出人體重量所對應的力量，
以體重200 libbre（當時佛羅倫斯所使
用的重量單位，200 libbre相當於68公
斤）為例，這個重量會隨著人體變換
姿勢而增加；如果用肩膀抵住橫杆，
然後用腳推磅秤，體重所產生的力可
能會增加一倍，即400 libbre。

達文西將人體力學和飛行研究緊
密結合，這點在大西洋手稿也可找到
例証，從1006v中可以看出，他打算
在舊宮殿進行一項實驗計畫（約一四
九三年至一四九五年，圖1）。

手稿裡有一系列的小幅素描，描
繪了人體七種不同姿勢的力學（圖

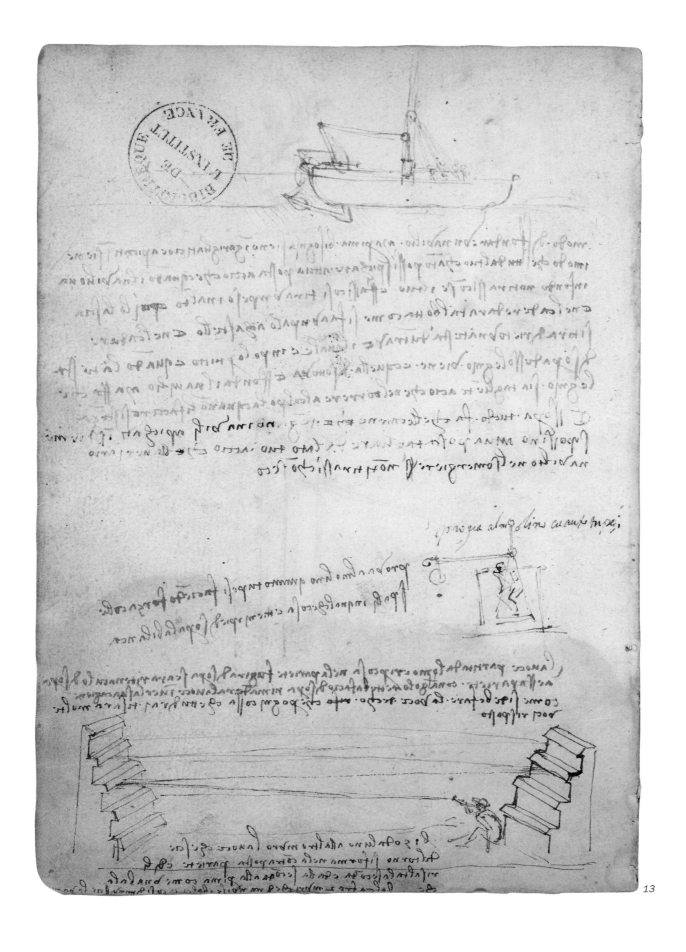

13

14-16：人體不同姿勢的動態可能性
研究，與其在飛行機器的應用
（約1493-1495年，CA 1006v，
細部圖）

17-18：測試人體能否產生足夠令飛
行機器機翼擺動的力量，模型是
依據達文西的設計圖製作

14

15

16

14-16）。我們不清楚這些素描是不是在模擬飛行機器裡駕駛員的動作，但值得注意的是，在這個時期，達文西在人體動態可能性和飛行兩方面的研究密切相關，甚至重疊。事實上，這兩項研究主要探求的核心問題在於，如何產生足夠的必要動能。

在此時期，達文西的研究不只融合了機械學，也納入了物理學。我們之前看過的大西洋手稿1058v（圖11），就是以動力學和物理學為基礎，闡述人類飛行的可能性，「物體對空氣的施力，等於空氣對物體的施力。空氣衝擊翅膀時，它能讓體型龐大的老鷹在高空稀薄的空氣中自由盤旋，這與火這個元素很類似。」這點其實就是牛頓所提出的「空氣力學反作用定律」（aerodynamic reciprocity）——飛行純粹是機械現象，是翅膀和空氣的交互作用。

翅膀拍擊時（包括向上和向下的動作）會撞擊空氣，同時承受空氣的反作用力。在達文西所舉的例子裡，老鷹振動翅膀，空氣便對鷹翼施加反向力，因而讓老鷹能保持飛行；這就如同風對船帆施力而使其前進一樣。

在提福茲歐手稿（Codex Trivulzianus，簡稱CT）裡，有一本筆記本記載了達文西在米蘭早期的研究特色，他更完整地闡述該理論，並導入物理學的重要概念——空氣是可以壓縮的。

根據達文西的說法，空氣和水不一樣，空氣可以壓縮，只要速度夠

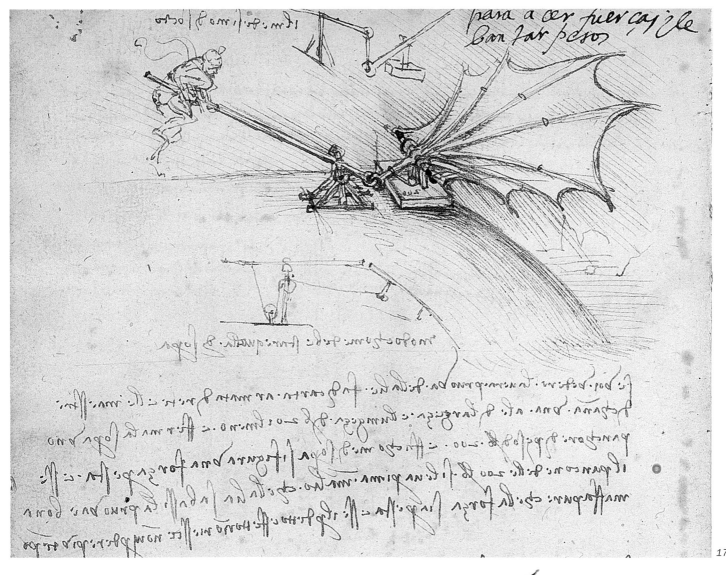

17

18

19-20：空氣螺旋槳（B 83v）及根
　　據達文西手稿所製作的模型

21：人體力學與飛行機器所運用的
　　各種機械裝置研究（約1487-
　　1489年，CA 873r）

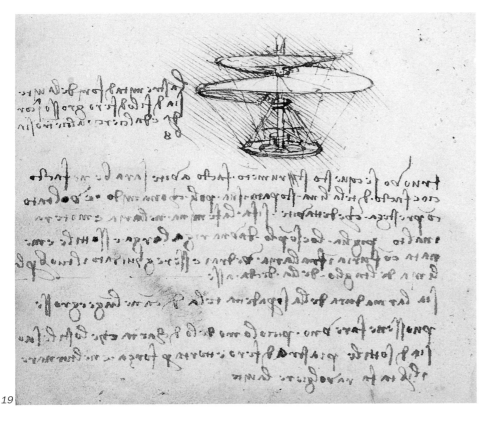

19

20

快，讓被壓縮的空氣來不及散逸，就可以做到，「空氣可以擠壓，水卻不行，當擠壓的速度比散逸的速度還快時，靠近推進器的空氣密度就會變高，產生的力量也愈大。」（CT 13v）。

從這項理論衍伸出當時一項相當驚人的實驗（B 88v，圖17）。達文西提議將網膜狀飛行翼放在山坡邊緣，飛行翼的底部固定在重達200 libbre（約68公斤）的厚實底座上，然後再連接到手動的控制桿，操縱控制桿讓飛行翼拍動，就能將底座抬起來。接下來的關鍵，就是能不能讓控制桿動得夠快，讓飛行機器發揮作用。

同樣的道理，所謂的「空氣螺旋槳」（aerial screw，B 83v，圖19）也是利用空氣具有密度的概念；假設空氣可以被「擠壓」到這部螺旋槳狀的機器中，那麼藉由適當的速度（快速轉動），該機器就能夠升至空中。

我們不太清楚這個螺旋槳的動力來自何處；可能是用一條線繞緊中央的圓筒，然後快速拉開以產生動能；或者是從中央軸心處銜接一根水平向的桿子，由至少兩個人推動桿子，來帶動螺旋槳。

根據上述想法，人類飛行研究演變成動力學的研究——如何以足夠的力量與速度拍動機械飛行翼，來壓縮空氣，進而使飛行機器升空。駕駛員只負責產生動力，因此，達文西最大的困擾在於該把駕駛擺在哪個位置、擺出什麼動作，才能產生最大的力學

效應；從達文西對人體力學的研究，可以看出他有著這樣的思考模式。

力的圖解：手稿B裡的飛行船

達文西透過這樣的類比思考過程，將人體描繪成由力線構成的圖（力的作用圖），並探討人體力學與機械式傳動裝置的交互作用（CA 873r和88r，圖21、24）。

這個時期他也進行了另一項驚人的研究計畫（B 80r，圖25），也就是外型像船舶圓型龍骨的飛行機器，其駕駛艙位於正中央，旁邊有四片飛行翼。

這不只是人類飛行研究，更是力的圖解。如何讓人體產生足夠的力量把自己和飛行機器抬起來、升到空中，的確是一項挑戰。達文西藉由這個模型，提出了他的答案。他讓駕駛員屈身蹲伏在飛行機器中央，並以腳踩踏板、以手轉動曲柄來產生動力，甚至連頭、脖子和肩膀都用上了。

這個研究的力學分析，和先前提到的人體力學很類似。

飛行機器內部的空間狹小，也與這類研究的另一個例子互相呼應：人在狹窄的煙囪內打掃（約一四九三年至一四九六年，CF III 19v，圖22）。至於駕駛員要如何操縱飛行中的機器，手稿中並無文字註解；飛行員幾乎進入「自動駕駛」狀態，只負責產生動力，來使飛行機器升空。

達文西另外還發明了一個裝置來產生拍擊翅膀的動力。簡單地說，是

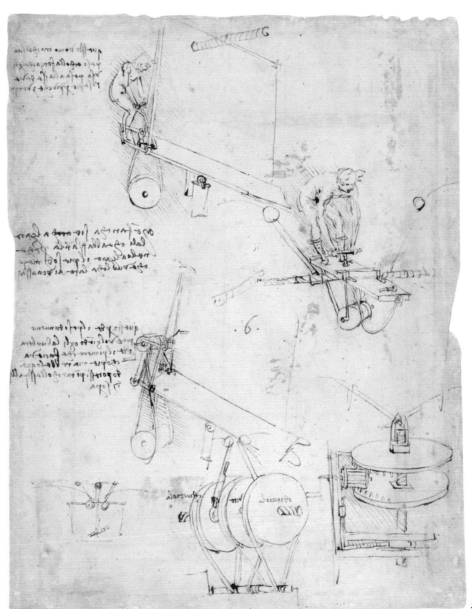

21

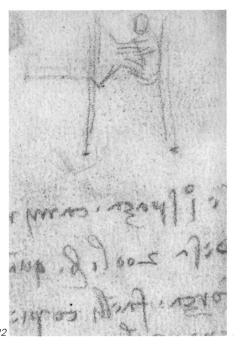

22

23

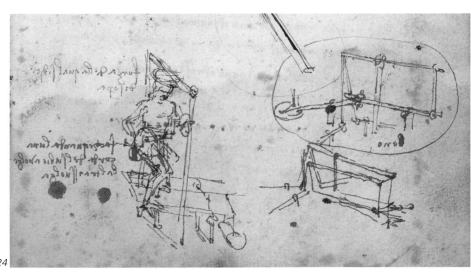

24

用一條繩子繞著上下兩個圓柱體，當繩子上下滑動時，繩子兩端連接的飛行翼就會跟著動作。繩子一端往上時，它所連接的翅膀會向下；繩子另一端向下時，該端的翅膀就向上。

這類的機械原理應用，曾在達文西先前的研究中零星出現過，但在此時期成爲他的主要研究方向。不過，這部機器和早期研究中反覆出現的機具（也就是第一章所介紹的）大不相同（參照圖11-14及34，第一章）。

先前的發明並非使用滑輪裝置，而是透過彼此銜接的螺桿和導螺桿，來產生動力；也就是由駕駛員往復移動手把，來帶動兩螺桿而使機械手臂開闔，進而使飛行翼上下拍動。

比例與對稱：中心點的重要性

在這個飛行機器研究當中，有一句註解寫道：「這個人的頭部能產生200 libbre的力，手也產生200 libbre，體重也是。飛行翼將會產生往復動作，就像馬的步伐，馬腿的往復運動做得比誰都好。」

駕駛員身體所產生的力量，平均分配在三個地方，即頭、手和體重（表現在腳的部位）。

兩對翅膀雖然交互拍擊，不過形成了平衡與協調的動作（達文西寫道，兩片翅膀向上時，另外兩片就向下，這與馬四條腿的運動原理很相似）。對達文西來說，他感興趣的不只是讓飛行機器升空，還有其中的對稱性，以及各部位與其力量所形成的

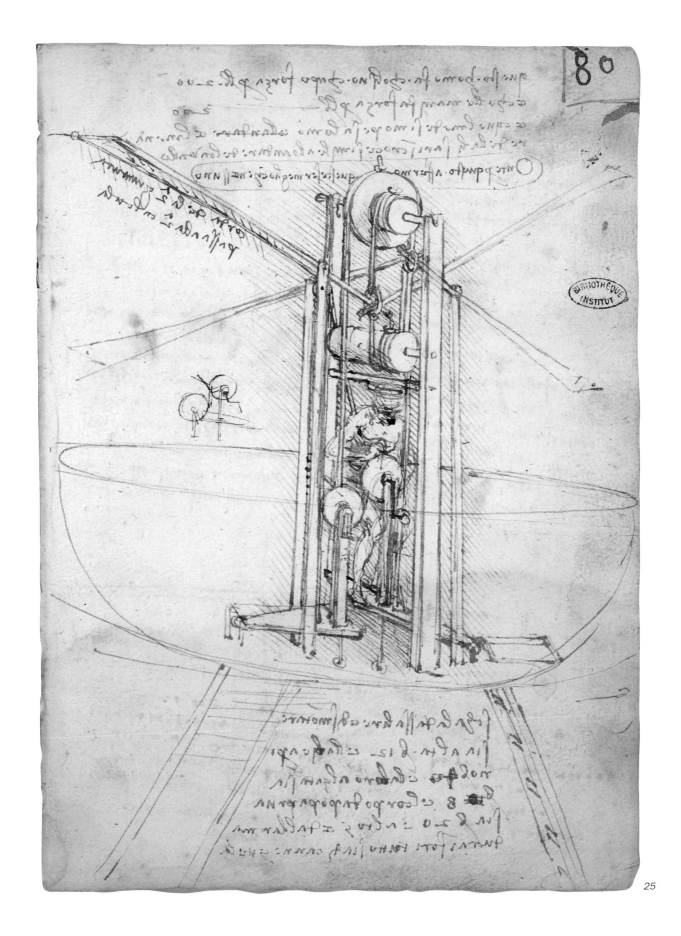

26-28：飛行船（圖25）的中央結構，讓人聯想到同一時期的其他研究計畫，即教堂設計（B 18v，細部圖，模型是根據達文西的另一幅素描製成）以及頭骨研究，

這兩項計畫的目的都在於表現「以靈魂為中心」這個觀點，飛行船中央有駕駛員也是基於這個道理（1489年，W 19057r，細部圖）

26

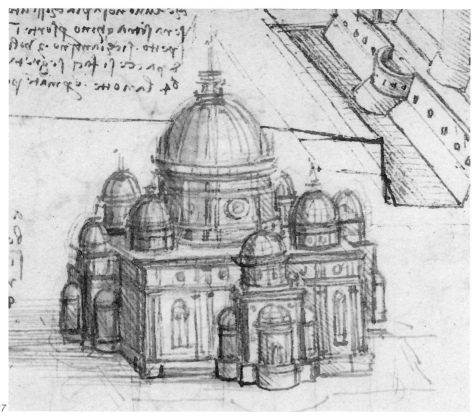

27

比例平衡。

飛行翼展開來長達40 braccia（古代測量長度的單位，1 braccia大約等於5公尺），相當於飛行機器半徑的兩倍，因此飛行機器的總長度為20 braccia。

飛行船身為圓形、飛行員置身飛行機器正中央、飛行翼的橫幅相當，這種種特點，在在昭示了達文西對飛行研究另一個學科領域的追求（至少在這個例子是如此），即幾何學、數學與完美比例。

不論是文藝復興的傳統，或是達文西，經常都會把完美比例隱藏在幾何圖形中，也就是讓每一邊或每個部位與正中央的距離相等，例如：圓形、方形、十字形。

在手稿B當中，除了飛行機器素描圖，還有一系列的建築研究，這些建築的設計都是有個由方形、圓形或這兩種圖形的組合構成的中央樓層，再由這個樓層延伸建構（圖26、27）。

同一時期的解剖學研究則描繪了人的頭骨構成。運用骨骼形態學，可以計算出頭骨內部的中心點。達文西認為，這個中心點，恰好是人的各種感官交會之處，是靈魂與感官的所在（圖28）。另外，在達文西於此時期留下的惠更斯手稿（Codex Huygens，圖31）中，還可看到他有關人體動作的研究。他把四肢比喻為線，而這些線圍繞著中央軀幹，也就是每個人與生俱有的「靈魂中心」。其中有一段

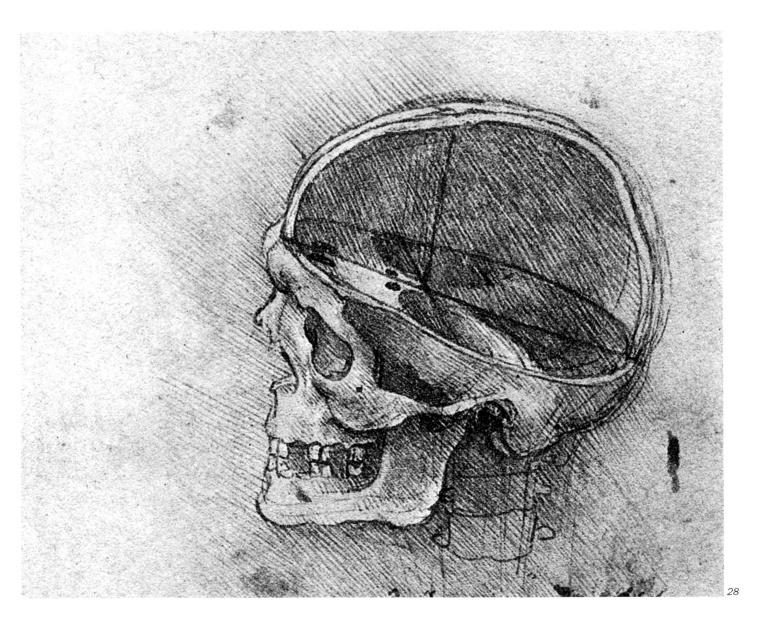

28

29-30及32：駕駛員採平躺姿勢的飛
行機器（B 79r、CA 747r、B 75r）

31：與飛行船（圖25）和其他研究
（圖26-28）相似，即使是人體力
學的分析，所根據的也是以中心
為主的概念（該圖出自16世紀末
達文西已佚失的研究手稿。惠更
斯手稿，紐約摩根圖書館
[Morgan Library]，f. 29，細部圖）

說明文字寫道：「人體移動的力量來自骨骼與神經，不過，眞正的動力來源是人的靈性，是一切的中心，是靈魂。」（folio 11）

在達文西的飛行研究中，這樣的想法演變成更強烈的知性傾向（圖25）。飛行機器變成一個有中心、講究均衡，而且比例完美的形體，駕駛位於最中央，代表飛行機器各種力量的交匯點，也就是飛行機器的腦，相當於人的靈魂。在這裡，機器的靈魂指的是機具移動所需的動力來源。

動物研究、鉸鏈機翼和飛行的靈敏度

達文西於一四八〇年代到一四九〇年代的飛行研究，主要圍繞著三個學術領域，即人體力學、物理學與平衡理論。

達文西在旅居佛羅倫斯期間，跳脫藝術工作室注重實用機械的取向，轉而投入動物學的研究。不過到了這個時期，達文西又暫時把動物研究擱置一旁。後來研究達文西的學者，經常用「ornithopter」（撲翼飛機）這個詞來指手稿B裡的飛行機器（圖25），從英文字面上的意思來看，使用這個詞稍嫌誇張（譯注：英文字首ornitho指的是鳥類），因爲這部飛行機器只有翅膀和可收疊的腳架是模仿自動物的身體，其餘構造多半屬於人體力學和平衡比例的應用。與動物構造較爲相關的飛行機器，像是可讓駕駛員平躺著操控的設計，則出現在其他手稿

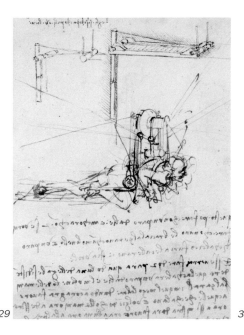

29

30

31

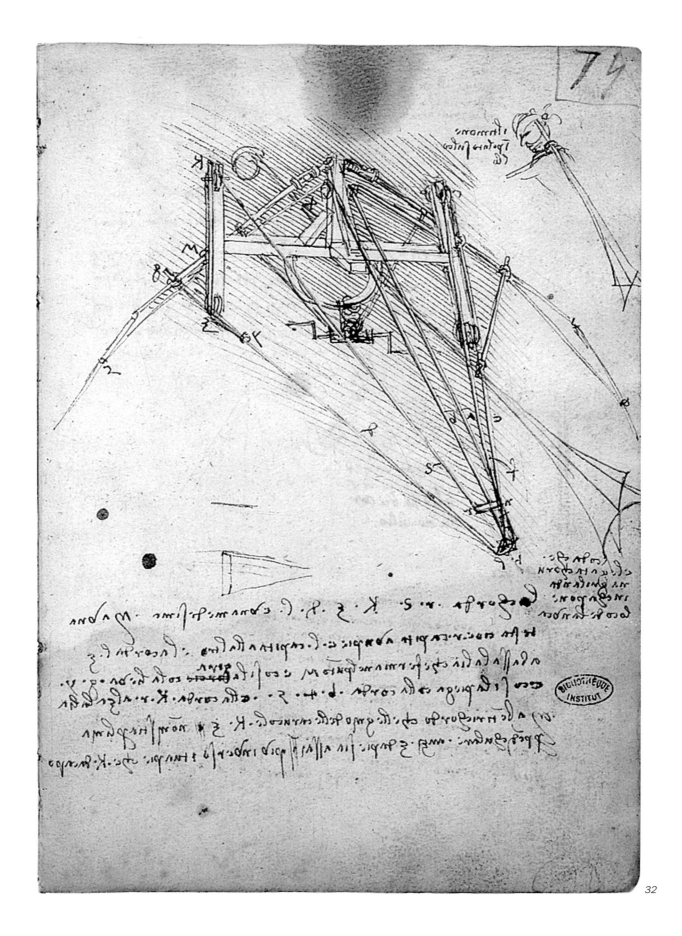

33：覆有網膜的游泳手套，是模仿
　　蝙蝠的翅膀設計而成，類似飛行
　　機器的機翼（B 81v，細部圖）

34：根據達文西的素描（B 74v）製
　　作而成的飛行機器模型（佛羅倫
　　斯國家科學史博物館）

35：機械翅膀（約1493-1495年，
　　CA 844r）

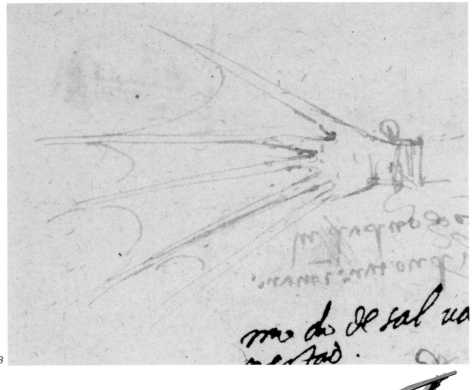

33

34

裡。（B 79r、CA 747r、B 75r，圖
29、30、32）。

　　達文西在這個時期的飛行研究，
與過去最大的差異在於，他開始把焦
點放在如何操控飛行機器以在飛行中
改變方向之上。在手稿的主圖上方有
一個設計圖（B 75r，圖32）甚至運
用到農耕機具——把長長的犁套在駕
駛員頭部和頸部。

　　駕駛員的動作也變得更大、更繁
複。有些動作只是為了讓翅膀產生拍
擊，以拉長飛行時間和距離；有些動
作則能讓機翼在向下拍擊時，角度稍
微傾斜（以盡可能地將空氣「壓
縮」）；還有些動作則是讓機翼向上
拍擊時，機翼邊緣能與空氣形成一個
斜角，以更能夠「切」進空氣中。

　　有些設計圖當中，機翼是以鉸鏈
與本體連接，以方便折疊或展開，同
時也能幫助維持平衡、改變方向。這
類計畫中最早的一款設計（CA 747，
圖30），翅膀加上了關節，還附有鉸
鏈裝置以利必要的伸縮，在全圖旁邊
就可看到細部圖。

　　駕駛員利用手或腳來推動飛行機
器、保持平衡或改變方向。在幾款設
計圖中，則是利用彈簧來自動完成某
些動作，例如：翅膀的伸展。達文西
愈來愈注重飛行的靈敏度，這表示他
必須更仔細地模仿自然界鳥類的飛
行，換句話說，必須再加強對動物世
界的研究。

　　在大西洋手稿裡有幾張發展比較
成熟的鉸鏈機翼設計圖，達文西在圖

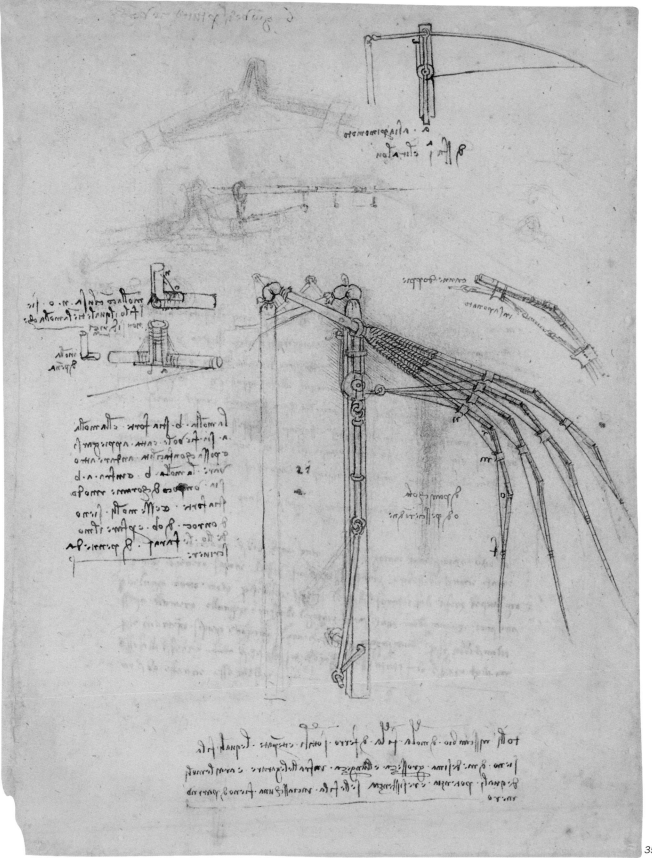

36：飛行機器（約1485-1487年，
　CA 824v）

37：完整飛行機器的研究圖
　（約1493-1495年，CA 70br）

38：飛行機器的機翼結構研究

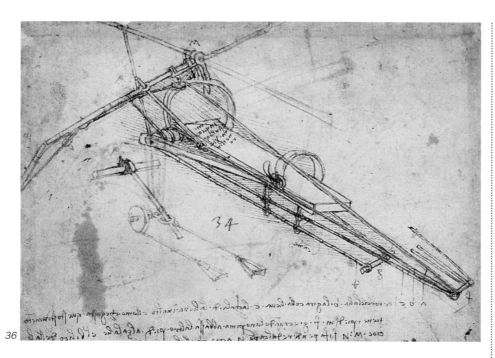

36

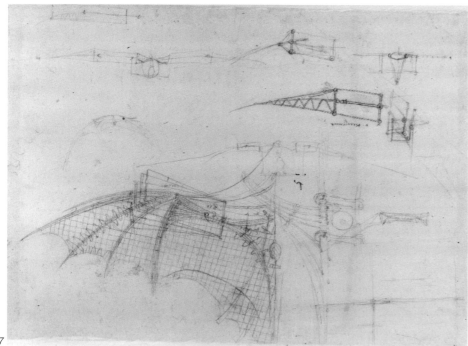

37

旁邊寫道：「參考肌腱型翅膀或飛魚。」（約一四九三年至一四九五年，CA 844，圖35）；也就是說，機翼應該如同蝙蝠翅膀或飛魚的鰭一般佈有網膜。

　　這兩種動物都出現在阿什伯罕手稿（Codex Ashburnham）中，繪製時間比那幾張設計圖還早幾年。達文西描述飛魚是一種「捨棄某個部位以換得另一個部位的動物」。在手稿B之中比較早期的手稿（阿什伯罕手稿原本是手稿B的一部分）裡面，我們發現了游泳「手套」的設計圖（B 81v，圖33），手套上繪有網膜，與飛魚和蝙蝠的構造類似。

　　人類對於動物產生興趣，因而開始拿自己和地球上的動物相互比較。同樣地，此時的達文西和旅居佛羅倫斯時期一樣，繼續不斷地發想，找出人類可以模仿動物能力的各種方式。

缺乏全盤研究，開始出現替代方案：滑翔翼

　　從前面提到的達文西飛行研究手稿中可以發現，要發展出單一、完整而精確的設計圖是有困難的。達文西對於以人力飛行的各種問題，似乎都是獨立解決，並沒有做最終的整合。

　　比方說，達文西爲解決力學的問題，設計出飛行船；又爲了解決平衡和飛行操控的問題，設計出駕駛員平躺在機艙的飛行裝置。

　　然而，達文西在這些手稿之中，並沒有解決機翼整體結構的問題，也

沒有設計出架構完整的飛行機器。部分圖稿（CA 747r、824r，圖30、36）雖畫出了完整的飛行機器，但對於結構和設計卻鮮少著墨。

不過，達文西至少在一部分手稿中嘗試研究機翼和飛行機器（包括機翼和飛行員）的整體結構（B 74r、CA 70br、846v和845r，中央細部圖，圖37、38、41及下一章的圖28）。這一系列的研究，除了手稿B和同時期大西洋手稿裡的一張圖（848r，圖39）之外，都是達文西於一四九三年至一四九五年之間所畫的，剛好是他開始畫〈最後的晚餐〉（圖42-44）之前。一四九六年，路加‧帕西歐里修士（Fra' Luca Pacioli）抵達米蘭（圖46），與達文西結識，在他的協助下，達文西對數學和幾何學的認識有了飛躍式的進步。

在這段期間，達文西的學術知識能力得以充分整合，可以說是他一生中頭腦最清明的時候。他擬定寫作計畫，並完成了一部分的寫作，包括機械學、光學、水力工程、繪畫和解剖學。在藝術和科學方面，他在這個時期留下的作品包括〈最後的晚餐〉（約一四九六年至一四九八年）和馬德里手稿（Madrid I Manuscript，大部分完成於一四九○年代），都展現了他對相關研究的充分整合。

最後，在大西洋手稿70br這張紅色鉛筆素描（圖37）裡，達文西畫了駕駛員在飛行機艙裡的細部圖，還有兩片機翼的構造。就某種程度來說，

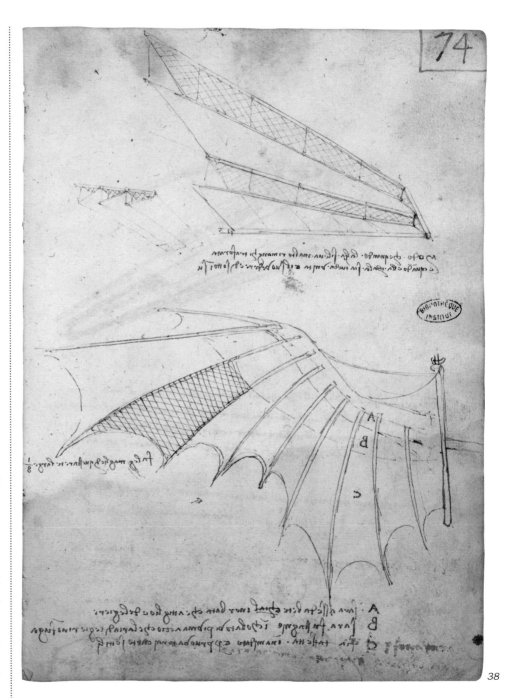

38

39-41：飛行機器的研究
（約1487-1490年及1493-1495
年，CA 848r、846v），以及文西
鎮達文西博物館裡的模型（根據
達文西的手稿製作）

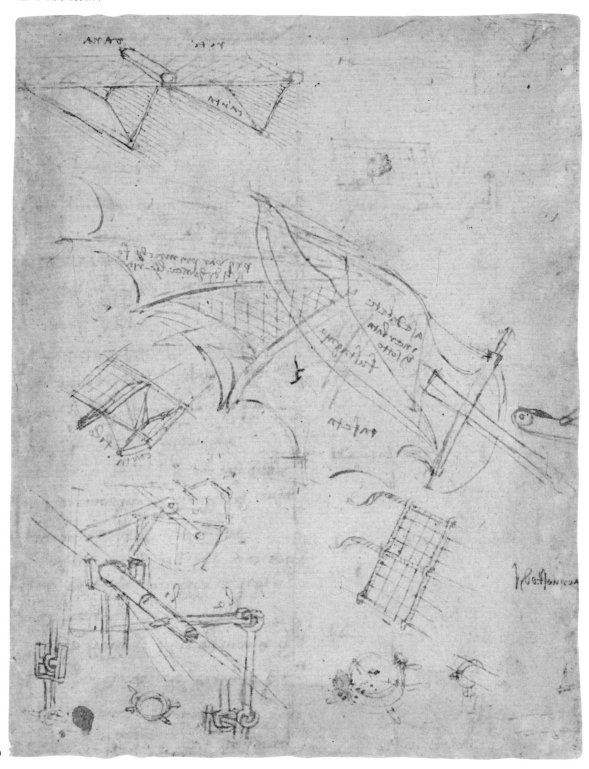

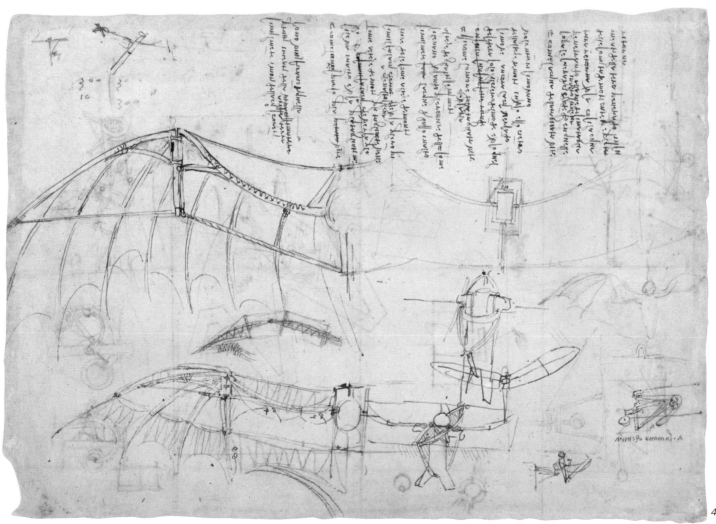

42-44：最後的晚餐（全景圖和細部
圖），達文西旅居米蘭時期繪製
（約1496-1498年）

42

43

在這個時期，達文西的飛行研究，似
乎終於能與先前幾年的另外兩個系列
研究充分整合。不過這樣的整合僅止
於表象。早期的研究著重在模仿或複
製鳥類的飛行（不論是拍擊翅膀以在
空中停留，或是加強飛行的敏捷
度）。這個時期的研究比較完整，不
過機翼構造只有外部鉸鏈結構比較靈
活，內部設計仍然相當生硬；這樣的
機翼運動顯然不足以支撐飛行，最多
只能完成平衡的動作。

達文西師法大自然，不只研究動
物，也進一步研究更實際、更實用的
東西——滑翔。有一幅素描畫的是靠
風力傳播的植物種子（圖41），而根
據這個原理設計的飛行機器，幾乎都
是靠風飛行，例如：滑翔機。

45及47：降落傘的研究（約1485
年，CA 1058v：模型是根據達文
西的素描製作）

46：畫家狄巴巴雷（Jacopo
de'Barbari）所繪製的帕西歐里
（Luca Pacioli）肖像，帕西歐里是
位偉大的數學家，也是達文西的
朋友；兩人在同一時期旅居米蘭
（1495年，那不勒斯的卡波迪蒙
[Naples, Capodimonte]）

45

46

早先幾年，達文西就已經開始研
究氣體靜力學（aerostatics），運用的
裝置是十五世紀當時的發明——降落
傘。達文西將飛行研究視爲一種機械
現象，這點首見於大西洋手稿
1058v。在圖47裡可以看到降落傘的
素描，有了這個裝置，人類就能夠
「從任何高度跳下而不至於受傷。」

我在前面〔見第一章的圖39、40〕
曾提過，不知名的西恩那工程師已提
出運用降落傘飛行的概念，達文西只
是以非實證的方式進一步加以發揚光
大。此外，達文西研究翅膀拍擊時，
所運用的氣體動力學反作用力原則，
也對降落傘飛行有所貢獻。一個人如
果帶著降落傘從天而降，靠他自身的
體重及適當尺寸的降落傘（長寬皆爲
12 braccia），就可以對空氣施壓、減
緩下降的速度。

同樣是達文西模仿大自然的飛行
企圖，不過在幾年後開始出現藉助風
力的被動式飛行研究，可見於馬德里
手稿（約一四九三年至一四九七年。
64r，圖48）。從圖上可以看到，駕駛
人位於扇形結構中央，這就好像航海
用的羅盤，整個結構交會於同一點；
這種裝置不是靠手動推進，而是靠風
力。「把這個裝置放在山頂，風一
來，它就會隨風前進，而駕駛員依舊
可以穩穩地站著。」

同一幅手稿下方有另一款設計
（圖50）；駕駛員吊掛在風箏下方，
而風箏是由地面控制，即使在飛行中
也可以靠纜線來操控。

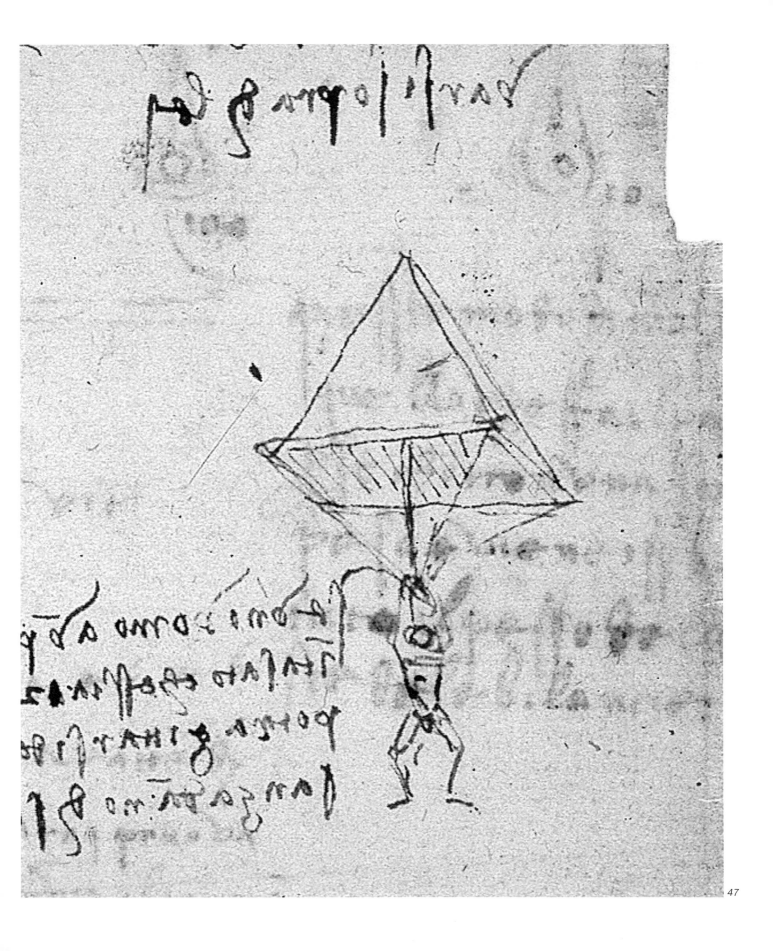

47

48：飛行球的模型（根據達文西的素描製作，Md I f. 64r），由文西鎮的達文西理想博物館（Museo Ideale Leonardo）重新製作。駕駛員位於球體中心，保持直立姿勢，以操控飛行機器及其他零件

49：滑翔翼的翅膀模型（依據達文西的圖稿製作；Md I f.64r），由文西鎮達文西理想博物館及賽吉洛市（Sigillo）共同重製而成，並由冒險家暨飛行家狄亞里哥（Angelo D'Arrigo）於2003年在風洞中試飛成功

50：兩項運用風力的飛行裝置。上圖是駕駛艙位於扇葉中央的設計，下圖則是以鋼索垂吊在鷹型裝置下方朝地面飛的設計（約1495年，Md I f. 64r，全圖和細部圖）

這種雙向研究的範例，頻頻出現在這個時期的手稿裡，例如：有一款設計是以中央結構為主，只能提供足夠飛行的推進力；而另一款長型結構的設計，則著重在操控的靈敏度和平衡，就像駕駛員平躺著操作的那款飛行機器一樣。這兩款設計與先前提到的滑翔式飛行機器，都屬於達文西同一時期的研究，而且所根據的概念十分類似。在這些研究當中，風力扮演了很重要的角色。風是一種很重要的動力，但它也很危險、難以掌控。

在接下來幾年，達文西更加熱中於探求有關風力的問題，以找出更接近自然物的人力飛行方式（運用翅膀飛行），因此，風力成為他的研究相當重要的一部分。

48

49

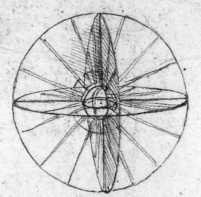

Sia fatta una lamela di latta, ch'oro, che d'altramente essa componga le quarta parte d'un circolo, ch'altri, e lamina di 2 dragani intorno a esso quarto, la colleghino l'ozza dalla traforata come l'uccello, de quali nolano, e ha più latta contenuto, nelle e un modo al loscuola, e a tenanza, eziando l'esso la latta la verra, ella più. Innanzi ezzo tanto lo uomo la nervata ezzo la nervata lezganzi, in ezzo lozza la lesta, alla una lengta fuma ezperzi

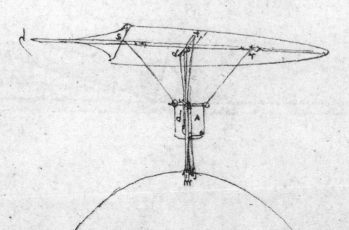

messo, la più la mia nervata, anima quella lo sopra, ebora terra, ezzi un, in rezzolla, in un elletto, d'a un ella, ezzome, la luca la quanto, ezzo nimuno, coni, un ozzo, la rizumina, nelle, la via, porente, purfir, nolua, alqueta, la più, ezi lezzare, allora terra, ervi, lerzopa, ezzallo, ezorfuria, ezolatri, corli, ezi, ezi, ezzome, ezzo, questo, nolatana, ezoi, lezzetza, ervi, lezzoza, ezpanza, a ezizantli, uoruri

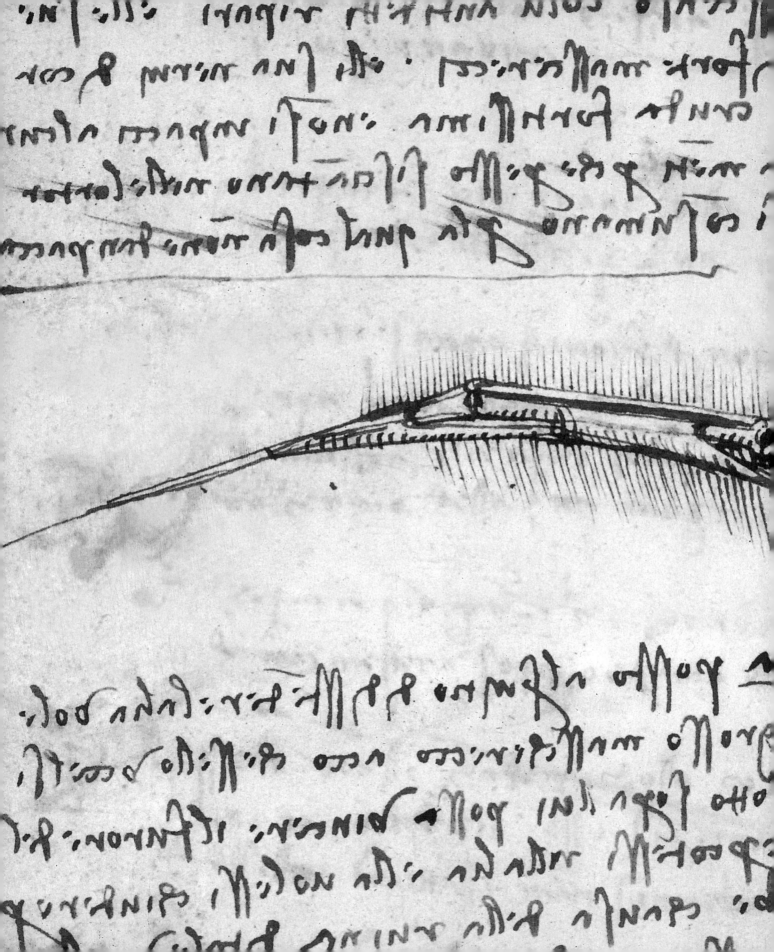

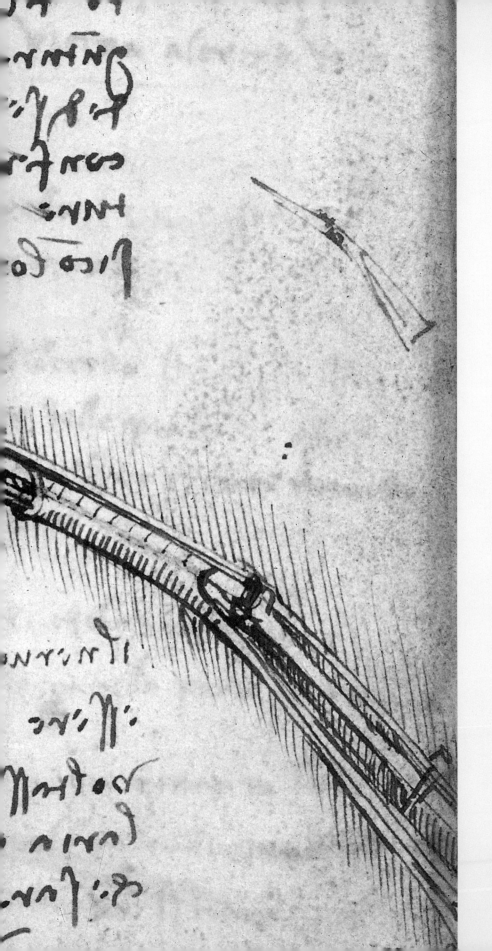

在法國入侵米蘭之後，達文西就離開當地，於一五○○年回到佛羅倫斯，繼續他的飛行研究。他在這個時期以動物研究為主，他觀察鳥類的飛行，暫時擱置前一時期著重的人體解剖學和人體力學。由於對動物研究重新產生興趣，達文西進入了另一個師法大自然的階段，他的飛行研究愈來愈傾向於複製大自然的飛行行為，因此，利用技術加以複製，只是為了重新創造自然界的飛行運動；達文西把這視為向大自然取材，就跟他的繪畫一樣。為了突顯人類飛行與自然界飛行的關係，達文西在這個時期稱他所發明的飛行機器為「鳥」。

前兩頁跨頁：機械翅膀的設計圖
（CV 7r）

1-2：在16世紀初，達文西經常前往
費索雷附近、佛羅倫斯近郊的山
上，觀察研究鳥類的飛行

3-4：手稿 X 及手稿 L 是尺寸較小的
口袋型手稿，是達文西在野外觀
察時隨手留下的筆記

1

師法大自然：觀察飛行中的鳥類

　　達文西在鳥類飛行手稿（On the Flight of Birds）17r裡註記道：「像cortone這種掠食性鳥類，我是在一五〇五年三月十四日前往巴比卡（Barbiga）上方的費索雷（Fiesole）時看到的。」

　　達文西在一五〇五年寫下這份筆記，當時他回到佛羅倫斯已有五年。他花了很多時間觀察鳥的飛行，而他最喜歡去的地方就是城市附近的小山，離費索雷很近（圖1、2）。

　　有一天，當他前往巴比卡丘陵區時，他注意到一種叫做cortone的掠食性鳥類，這種鳥的尾巴相當短，飛行方式非常特別。在鳥類飛行手稿裡另有註記顯示，達文西決定在費索雷近郊測試他的飛行機器。

　　他選的地點叫作Monte Ceceri，這個地方是以附近經常出現的大型鳥類ceceri來命名，這種鳥在嘴部有一個雞豆形的肉瘤。達文西在筆記上寫道：「這種大鳥（譯注：此一時期達文西對飛行機器的暱稱）的首航測試，將在西塞羅山（the great Cècero）舉行，我要讓全世界驚艷，讓大家讚揚並傳頌它的誕生。」（CV，封面內頁）。

　　先前達文西待過米蘭，當時動物觀察在他的飛行研究中只扮演次要角色。到了一五〇〇年之後，動物研究又重新變回重心。我們看到，達文西旅居米蘭的後期，他的飛行研究更為完整，他將各種理論整合在一起，而

且運用風力作爲飛行的動力。

　　不過，達文西的新突破還不止於此，他重返佛羅倫斯後，研究方向更爲多元。

　　在此階段達文西不只想設計出能平衡、靈敏地運作的飛行機器，也設法產生足夠的力量來振翅升空。爲了解決這兩大問題，達文西重新向自然界的動物尋求靈感。

　　因此，鳥類飛行觀察成爲達文西在此時期的手稿中頻繁出現的主題。這類鳥類觀察都在同一時期的三份手稿裡出現：手稿L（約一四九七年至一五〇四年，圖4）、手稿K¹（約一五〇三年至一五〇五年，圖3），以及鳥類飛行手稿（約一五〇五年）。

手稿K¹

　　前兩份手稿的尺寸比較小，可以隨意放進口袋，大小約爲9或10公分乘以7公分。換句話說，手稿裡的某些素描和筆記很可能是在露天場地完成的，和手稿K¹裡的許多圖文一樣，記錄得很匆忙（手稿K¹裡有部分是口袋型筆記本，圖5-8）。另有一項證據可以證明這個假設，這些小型手稿都有橫槓或打叉刪去的記號，似乎是草草寫下以備之後謄寫到另一處或加以補充，不過謄寫後的筆記和素描都已佚失了。本章開頭引用的手稿中記錄的掠食鳥類，肯定是在費索雷附近進行觀察的時候記下來的。達文西後來寫在鳥類飛行手稿裡，這份手稿的尺寸比前兩份手稿稍微大一點（21×15

5-8：K¹手稿（9r、7r、10r細部圖、
6r）。這份手稿上有關鳥類飛行的
註記，可能之後又抄寫成另一個
較為完整的版本

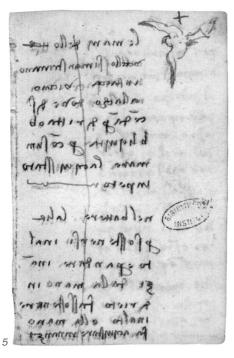

5

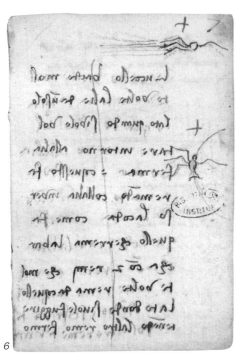

6

7

公分）。

事實上，手稿K¹裡的觀察紀錄，清一色都是鳥類飛行，並且分從兩方面來分析。一方面是處理飛行中的平衡及方向控制，另一方面是研究主動飛行的模式和機械原理，所謂主動飛行就是「不仰賴風力」，而靠翅膀拍擊。

在一四八○年代至一四九○年代這段期間，達文西的飛行研究以這兩類為主。達文西把它們和自然界的飛行相結合。雖然手稿K¹裡的筆記偏重大自然的研究，但結果卻變成一份很清楚的研究計畫，把達文西的飛行機器研究重新再拉回來，「如果把鳥類論文分為四部分，第一部是如何透過拍擊翅膀來飛行，第二部是如何不靠拍擊翅膀來飛行，第三部是有關鳥、蝙蝠、魚、動物、昆蟲等的飛行，第四部是機具的運動。」（K¹ 3r）。

和鳥類飛行手稿一樣，小尺寸的手稿K¹是從最後一頁開始寫的，內容為，「what would be for us」。因此，先前引述 K¹ 3r的那一段文字，實際上是寫在鳥類飛行筆記最後，鳥類飛行筆記是從14r開始寫的。

正如達文西所言，這份手稿有很大一部分是在討論鳥類飛行，並從兩方面來探討——「靠翅膀拍擊的飛行」以及「不靠翅膀拍擊而靠風力的飛行」。達文西對於自然與理論的研究，最後整合成兼具實用性與技術性的飛行機器（機械運動）。

這種雙向研究，亦即鳥類飛行及

9-11：圖9和圖10分別為CV 17v及
18r，圖11為16v-17r。在手稿18r
之中，達文西研究鳥類翅膀的拍
擊，他試圖在手稿16v-17r裡模仿
鳥類的動作。這證明他一直認為
人類藉由拍擊機械翅膀來做主動
飛行，是有可能成功的

機械飛行兩方面的研究，有一部分在
鳥類飛行研究手稿裡完成的，並且似
乎延遲了手稿K^1的完成時間。

鳥類飛行研究手稿

　　雖然達文西的手稿沒有標示時間
順序，不過在鳥類飛行研究手稿裡可
清楚看出兩個截然不同的研究領域。

　　第一部分是由頁碼較大的頁面所
組成，頁碼較大的原因在於手稿編纂
時是由後往前編的，這一部分的手稿
都在研究翅膀拍擊的飛行。第二部分
的手稿頁碼比較小，主要研究在風中
如何維持平衡。這兩部分都包含有關
鳥類飛行的文字說明及設計手稿，試
圖用雙管齊下的方式，利用飛行機器
來複製自然界的飛行。在米蘭時期更
是如此，達文西當時研究的人類飛
行，幾乎完全是模仿鳥類。他觀察大
自然以複製大自然，這點跟他的繪畫
理念是一樣的。

　　光是飛行還不夠，達文西的目標
是要在形體和功能上仿效大自然，讓
飛行機器的特點跟會飛行的動物一
樣，譬如鳥類。從這個角度來看，達
文西如果看到現代的引擎推動飛機，
他可能會大失所望。

　　現代飛機的機翼與機身都不能靈
活動作，而說到動力來源，現代飛機
靠的是引擎，可說完全與翅膀無關，
這跟鳥類的飛行原理大不相同。

　　不過，有一點要特別強調，達文
西和過去一樣，堅持把「力」（翅膀
拍擊）和飛行「靈敏度」（滑翔機）

在十九世紀末至二十世紀初之間，人們對達文西的研究愈來愈感興趣。鳥類飛行研究手稿於一八九三年付梓印刷，這只是其中一個例證。

由梅列日科夫斯基（Merezhkoskij）所撰寫的達文西傳記在一九○○年代初期問世。這些社會關注，引起心理分析之父佛洛依德對達文西的注意。

一九一○年，佛洛依德發表了一篇小型的作品，不僅在心理分析史上舉足輕重，對「達文西學」也是相當重要。這篇作品的標題是：「達文西和他的童年記憶」（*Leonardo da Vinci and a Memory of His Childhood*）。正如標題所言，佛洛依德在這篇文章中分析了達文西飛行研究手稿裡所描述的一些兒時記憶。達文西之所以寫下這些文字，除了是為了觀察鳥類以揭開飛行奧祕，同時也是因為受到童年時反覆出現的夢境所刺激。夢境裡，達文西還在襁褓中，老是被一隻鳥攻擊，那是一隻黑鳶，牠的尾巴在達文西的嘴裡不斷地拍擊（這段文字出現在本書第89頁）。

佛洛依德試圖重建達文西

佛洛依德與
達文西的童年記憶

上：收藏在羅浮宮裡的畫作〈聖母、聖嬰與聖安娜〉，佛洛依德（左圖）認為達文西童年與生母與繼母的關係並不融洽（據說聖母的披肩裡隱藏著禿鷹的形體）。

下：佛洛依德的研究是根據這段達文西敘述童年回憶的文字（約1503-1505年，CA 186v）。

的心理狀態、心理衝動與情緒變化。佛洛依德分析的重點並非達文西的藝術，而是他的人格特質。不過，要研究一個歷史人物並不簡單，佛洛依德無法像對待沙發上的病人一樣，運用一般的心理分析技巧。

因此，他的分析極具實驗性質：要分析達文西這位四百年前的歷史人物，只能從他留下來作品、各式各樣的筆記與藝術品之中尋找蛛絲馬跡。

在達文西的筆記裡面，我們不能忽略他的兒時記憶，因為這對心理分析而言十分重要。佛洛依德認為，我們可以從達文西的童年記憶了解他的性格，例如他的大部分藝術和科學作品為何都未能完成，達文西本身始終很不滿自己這一點，卻也一直不願意把作品完成。

佛洛依德根據達文西的回憶，推斷這位藝術家是個同性戀，理由是達文西出生的頭幾年，一直跟生母在一起，之後才被父親和繼母所接受。

佛洛依德從達文西的繪畫作品中看出，達文西一直在生母與繼母的模糊印象中掙扎，像是收藏在羅浮宮裡的畫作〈聖母、聖嬰與聖安娜〉（*The Virgin and Child with Saint Anne*）。佛洛依德更指出，畫中聖母的披肩形狀像一隻鷹，披肩下擺像老鷹的嘴指向聖嬰的臉。

12-14：依序是CA 843r（1503-
1505年，細部圖），CV 16r（細
部圖），CA 825r（約1503-1505
年）；這個設計是在駕駛員身上
綁上充氣的葡萄酒囊，以在緊急
時協助逃生。在這張手稿當中，
達文西比較了人類及鳥類的動力
學，並在CA 843r（圖12）和

825r（圖14）做進一步的探討，
且利用到「anigrotto」這種鳥類
（可能是鶴或鵜鶘）

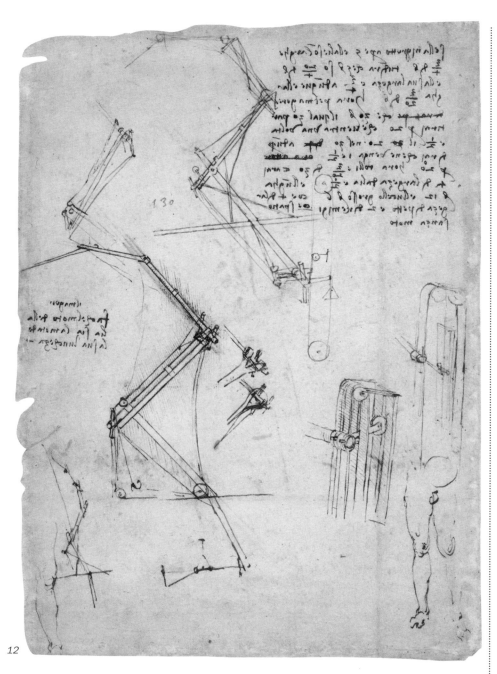

12

兩大重點分開來解決，並沒有設計出
兩者兼備的飛行機器。

鳥類飛行研究手稿的第一部分：
翅膀拍擊

有關達文西思考如何利用翅膀拍
擊來產生飛行動力的內容，主要出現
在鳥類飛行研究手稿的頭幾頁（如果
以時序來看是最後），也就是18r到
16v（圖9-11）。

首先，達文西研究鳥類在不借助
風力的情況下飛行時，需要哪些拍擊
動作（18r右上方的兩幅素描及一旁
的註解，圖10）。

第一階段，翅膀的末端或手，做
出像游泳時手部的擺動，即後半部向
下，同時翅膀面朝空氣，以獲得上升
與向前的推進力。

在這個階段，肘部或翅膀的中段
抬高，並與空氣呈斜角，目的是降低
阻力，以利前進。

完成往上衝的拍擊之後，翅膀的
末端快速轉向上，然後才再一次進行
拍擊動作。理論上，在這個循環結束
之前，飛行中的鳥應該會往下墜。不
過，鳥卻依然能繼續在空中前進，這
是因為最靠近身體的那段翅膀（肘部
或臂部）會往下降，翅膀也會稍微往
後轉，使翅膀內部能朝向外面的空
氣。

因此，空氣就像一個被壓縮的圓
錐體一樣（即所謂的楔形效應），鳥
類靠這個作用維持在空中的飛行，並
且因為先前拍擊翅膀末端所產生的衝

力，而得以繼續向前滑行。

接下來的17r和16v（圖11）手稿中，達文西就試圖直接複製自然界的振翅運動來設計飛行機器。

13

達文西在這兩份研究計畫中的其中一張（17r），畫出飛行機器左邊的翅膀，圖的角度是從飛行機器的前方往後看。

這個翅膀與移動式的滑輪裝置相連，駕駛員可以用腳踩踏滑輪鋼索上的踏板，來控制翅膀的高低。駕駛員的手同時也要操作兩條鋼索，鋼索連著兩個輪子再銜接到頭上的手把，手把與翅膀垂直。

翅膀因此可以轉動，向下拍擊時與空氣的接觸面加大，向上拍擊時則呈斜切角。這和無風狀況下的鳥類振翅飛行一模一樣。

這張手稿中的所有素描，飛行機器的翅膀都位於兩側，高度約與駕駛員平齊。手稿16v的設計稍有不同。圖裡有兩個滑輪裝置，上方的滑輪與翅膀相連，下方的滑輪則連接踏板供駕駛員踩踏。

兩個滑輪之前還有一個輪子，駕駛員對底下的滑輪做出的踩踏動作，會透過中間的輪子，傳送到上方那個與翅膀相連的滑輪。轉動翅膀的手動系統，則由翅膀下的輪圈、鋼索和輪子所組成，還有對應的手把。

在旁邊的素描中，轉動翅膀的動作目的是讓翅膀傾斜，或增加與空氣的接觸面，這是拍擊飛行時的必要動作，因此不能靠風力，要靠外來的施

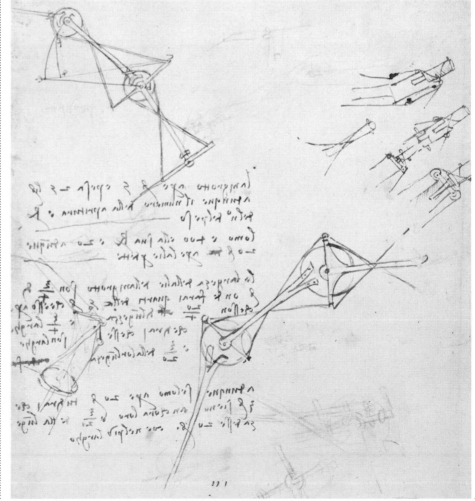

14

15：CA 1030r（約1505年），機械
翅膀的研究，比較人與麻雀的動
態可能性

16：CV 9r，這是鳥類飛行手稿中，
首幅研究鳥類藉助風力來達成飛
行平衡的圖稿

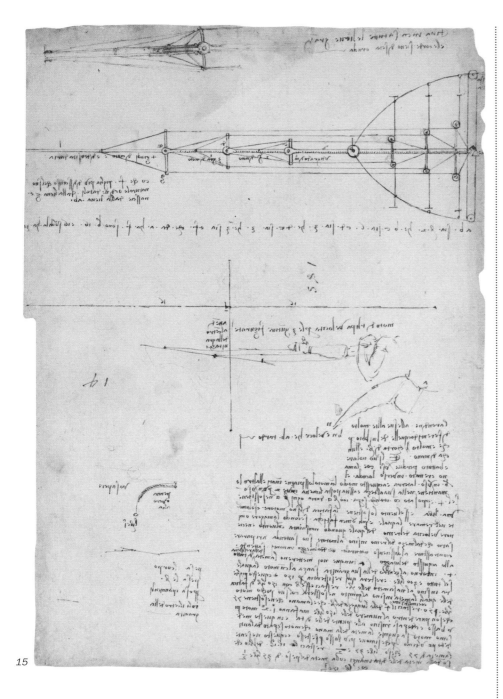

15

力。

從這些研究來判斷，大約在一五
〇五年，達文西又設計了另一款飛行
機器，希望能藉由人力，離地升空飛
行，這和一四八〇年代的飛行船研究
有異曲同工之妙。

不過，兩者還是有一項很重要的
差異。新設計的出發點不再是人體，
靠的也不是人體靜力學與動力學原
理，而是動物的身體。

動物的構造必須與人體相結合，
而機械翅膀的設計也必須與鳥類翅膀
的結構一致。

達文西在手稿16r（圖13）中寫
道，人類飛行似乎是不可能的目標，
理由是人與鳥在解剖構造上大不相
同，鳥類可以出力轉動翅膀，人類卻
辦不到。

事實上，鳥類和人不同，鳥類的
胸肌十分強壯有力，足以活動翅膀；
鳥類只有一塊結實的胸骨，翅膀則是
靠肌肉和強韌的韌帶與身體相連。

達文西認為，鳥類通常只要出很
小的力氣，就能飛行並維持平衡。只
有在某些情況下，鳥類在飛行時才需
要出很大的力氣，例如：逃避獵食者
或追捕獵物時。

因此，光只是產生拍擊飛行所必
需的力量，人類應該也可以做到。這
種新的想法主張，人類不再是研究的
重點，鳥類的身體結構才是。大西洋
手稿裡有一些手稿（843r、825r和
1030r，圖12、14、15）也是在這個
時期繪製的，手稿顯示達文西已朝這

17-18：CV 8v及7v，研究鳥類在風
中飛行的平衡作用

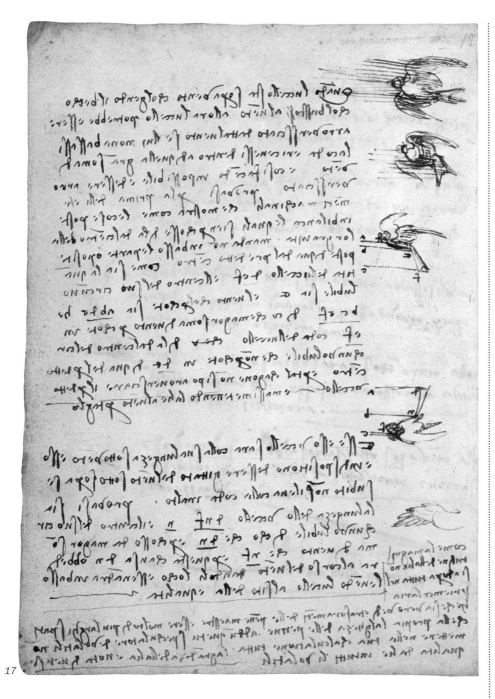

17

個新的方向進行研究。

至於翅膀究竟需要多大，才能支撐人類飛行，達文西則從鵜鶘和鶴這些鳥類身上尋找答案。

鳥類飛行研究手稿的第二部分：飛行時的平衡

鳥類飛行手稿持續進行，尤其是從手稿9r（圖16）開始（記得時序是由後往前），達文西的研究重點變成「在風力飛行中維持平衡」，這一點對於鳥類和飛行機器都很重要。

在這個前提下，風提供了飛行所需的衝力，駕駛員和飛行機器只要做到維持平衡、轉向，並在風向改變時臨機應變即可。手稿9r（圖16）描繪的是鳥類在遇到強風的垂直推力時，如何保持水平的平衡。鳥類是藉由伸展或縮起一邊的翅膀，巧妙地運用風力來達到平衡，就好像天平兩邊的砝碼一樣。

達文西在後續的手稿（8v、8r、7v，圖17、18、23）中繼續他的研究分析，畫出鳥類如何靠尾巴和小羽翼（鳥翼上如拇指般大小的小撮硬毛）來維持平衡並進行轉向。因此，在這一系列豐富的筆記當中，達文西的飛行機器設計更加精進了（7r、6v，圖19-20），他企圖模仿大自然的動作，研究重點不再是翅膀的拍擊，反而變成翅膀的收縮與伸展。

雖然翅膀伸縮也有助於飛行的推進，但這部分的研究重點主要是平衡動作，尤其是面對「憤怒的風」（7r）

19-20：CV 7r及6v（次頁）；前幾頁提到的是有關鳥類飛行平衡的研究（參照圖17、18、23），而這裡則是用機械翅膀來模仿鳥類動作

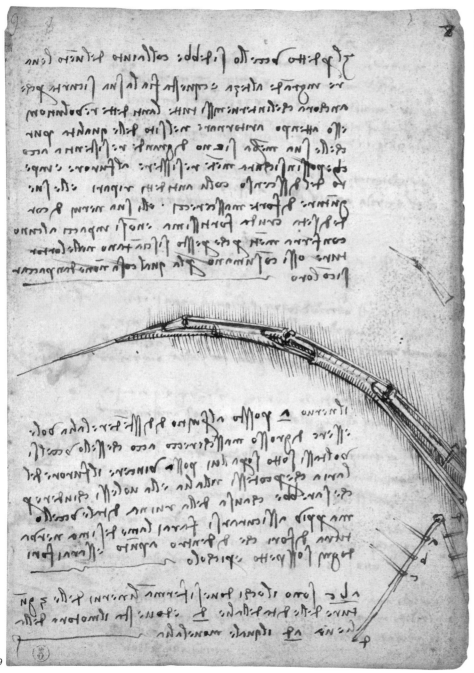

19

致使飛行機器有「翻覆」（6v）之虞的情況。

駕駛員可透過操縱桿來控制機翼的伸縮，並視風向來改變機翼與空氣的接觸面積。

這些機翼動作有一個前提，那就是飛行機器必須在空中飛得夠高，才有空間與時間在墜落地面時重新取得平衡，「這隻大鳥有了風力的幫助，可以飛得很高，高度才能確保飛行安全。」（7r）。

鳥類飛行研究手稿的第三部分：靜力學原理

對於這份手稿開頭有關整合拍擊飛行的各項研究，達文西並沒有意思要加以統整。

不過，手稿的另一個部分（手稿4v-1r，圖21、22）所探討的是靜力學，可以算是先前飛行研究手稿的附錄。除了觀察自然界的飛行，達文西在這個部分的手稿裡著重在探討靜力學理論。

達文西在其中運用了許多靜力學原理，主要是為了理解自然界的飛行，進而研究出先前幾頁提到的人力飛行，例如，他分析物體的重心，用所謂的斜面（inclined plane）來分析物體的靜力行為。

在這裡我要特別強調的是，在這個時期，由於達文西潛心研究靜力學和動力學的知識，他的飛行機器不再只是一種先驗（a priori，拉丁文，意指在具有經驗之前，先提出概念）設

8

21-22：CV f.4r及1r（次頁）；靜力
學的研究，達文西在手稿的其他
部分經常用靜力學原理來研究人
力飛行和自然飛行

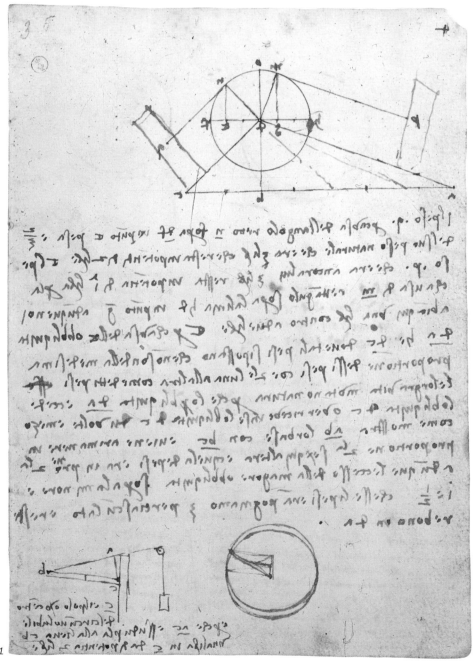

21

計，不再只是把力學定律加以具體
化，而是進入一個更高的境界，在機
械原理、自然飛行與工藝創作三者間
取得平衡。

達文西在這個階段所設計的飛行
機器，其形體和功能絕大部分是根據
他對鳥類飛行的研究，當然其中也參
考了靜力學和動力學。

知行合一：師法大自然的飛行器

達文西的飛行研究和他的繪畫一樣，都在模擬大自然，他鍥而不捨地企圖複製自然界飛行動物的動作。這是除了繪畫之外，達文西另一個模擬自然界的創作領域。

這一次，達文西嘗試創造出像自然界一樣真實存在的東西，他模仿大自然生物的行為，從外型和功能上複製鳥類飛行。一五○○年之後，達文西重拾飛行研究，他在大西洋手稿裡討論到這個部分（收藏在義大利杜林皇家圖書館，Biblioteca Reale in Turin），他最常用來指稱飛行機器的詞彙就是「鳥」。他在這個時期的研究，已經達成前所未有的知行合一，不斷地將自然觀察與工藝創作加以融合。

達文西對鳥類的觀察與研究，有時會與他仿造自然界的設計同時出現，而且他遊走在這兩個領域之間的情況，我們幾乎都未能察覺。

比方說，在杜林手稿（Turin Codex）的第二個部分，所有關於鳥類飛行平衡（9r、8v、7v）的註記，都是以第三人稱寫的，而且指的是飛行機器，例如：「當鳥逆風時，嘴部向上。」（8v）

在觀察自然界的飛行時（8r，圖23，關於列隊飛行的鳥類有類似的素描），達文西的註記就轉變成第二人稱，好像在跟自己或飛行機器裡的駕駛員講話，「如果翅膀和尾巴逆風的情況很嚴重，就把一半的翅膀往

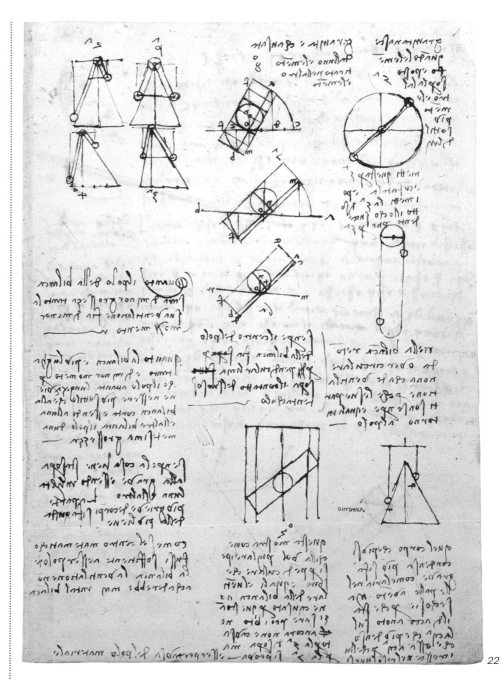

22

23-24：鳥類飛行平衡的研究（CV
8r，全圖和細部圖）。在重新畫的
細部圖（圖24）和註記文字中，
達文西的思考從自然界的鳥類延
伸到有人員駕駛的飛行機器

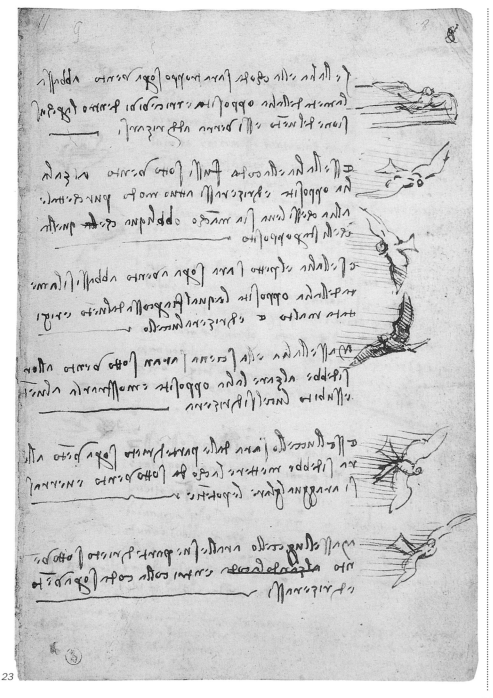

23

下。」

　　達文西把這些「建議」或定律寫
在手稿6v（圖20）裡，裡面有註記文
字，也有飛行機器的設計圖，「除此
之外，如果鳥整個翻轉而變成肚子朝
上，在它墜地之前，你有很多時間導
正過來，只要依據上述指示即可。」

　　在手稿8r的其中一幅素描裡（圖
23上面數下來第四個，圖24為放大
圖），鳥的外型幾乎跟人體一模一
樣，可以算是一種撲翼飛機。這種概
念與視覺上的「變形」，在手稿15r
（圖25）裡更為明顯。

　　達文西在上方兩幅和底下的一幅
素描中，很清楚地畫出一種特定種類
的鳥。不過，中間附有飛行平衡說明
文字的兩幅素描卻是在講飛行機器。

　　翅膀下方的圓圈裡有一個更小的
圓，可能是指鳥的身體或頭部，或者
是指機艙裡的駕駛員，這在手稿12v
（圖26）的素描（附有關於飛行機器
的文字說明）裡可以看到。在手稿
12v上方還有另一個素描，畫的是駕
駛員兩側有翅膀。達文西在此處也畫
出飛行機器最多可承受的壓力。

　　達文西藉由觀察鳥類並複製其動
作，設計出飛行機器的結構，特別是
翅膀。

　　達文西稱自己設計的飛行機器為
「鳥」，飛行機器的各部位也用解剖學
名詞來命名，例如：控制翅膀的操縱
桿叫作「神經」（nerves，如手稿6v），
而翅膀末梢則稱為「指頭」（fingers，
如手稿7r）。

達文西研究鳥類飛行時的翅膀構造，顯示他對自然界的興趣與日俱增，而這是他在此一時期飛行研究的重點。翅膀的生理構造也和飛行機器的結構互有重疊。

例如，在大西洋手稿（854，圖28）裡所畫的翅膀，幾乎可以肯定是機械式的，不過，它與鳥類的翅膀有許多相似之處，達文西很仔細地加以解構並畫出細部圖，以便了解鳥類翅膀的結構。從鳥類飛行研究的兩篇手稿（11v，圖29）可以看出，達文西所設計的用鉸鏈銜接的機械翅膀，其構造和自然界鳥類的翅膀十分接近。

鉸鏈翅膀的設計和鳥類翅膀愈來愈相似，除了前面提過的例子之外，最成熟的設計應該是大西洋手稿934（約一五〇五年至一五〇六年，圖31）。

回顧達文西在一四八〇年代至一四九〇年代間所設計的鐙索（stirrup）和螺槳（propeller）等複雜的系統，我們可以發現，在這段期間的設計中，駕駛員操控翅膀時，比較少利用機械模式，而比較常用滑輪和操控桿這類直接的裝置。

甚至連機械翅膀的內部構造看起來都跟鳥類翅膀很相似。達文西仍然相信自己有辦法複製自然生物的拍擊飛行和靠風力的飛行，他的手法愈來愈巧妙，也愈來接近大自然。

達文西的思考也更偏重自然生物的飛行。與鳥類飛行研究手稿同期完成的還有現已佚失的達文西畫作〈安

24

25-27：CV 15r及12r（後者為
　　　細部圖）

28：下方的研究圖稿（CA 854r）
　　　幾乎可確定是飛行機器的機翼，
　　　不過，它的骨架結構和關節也與
　　　自然界生物的翅膀很類似，因此
　　　留下一些疑點（頁面中央畫的是
　　　飛行機器，是於稍早繪製的，約
　　　1487-1490年）

25

26

27

吉里戰役〉（*Battle of Anghiari*）（約
一五○四年至一五○六年，圖32）。

　　為了〈安吉里戰役〉這幅畫（圖
30、33、34）的先期研究，達文西更
專注地研究解剖學和心理學，而且不
只局限於人類，更延伸到動物。他對
不同動物的比較解剖學研究（de
animalibus），讓他更了解人與動物在
構造上與心理上的關聯性，這對於他
的飛行研究造成極大的影響。達文西
對鳥類的平衡運動感興趣，表示他承
認鳥類具有「智慧」，即飛行移動的
本能；他非常堅持這個認知，並將其
稱為鳥類的「靈魂」。

　　和達文西其他領域的研究一樣，
飛行研究也針對身心的互動進行探
討，這是自然哲學派一路傳承下來的
概念，達文西更進一步地加以發揚光
大，賦予全新的原創性。

　　不管是在繪畫或是飛行的領域，
達文西都很熱中探討一個基本問題，
即生命力；達文西認為，人類和動物
都會透過行動和「肢體語言」，來表
達心理狀態、情緒變化和想法。

　　對於靈魂問題的處理，達文西所
採用的方式與「在技術層面的模仿」
類似，他於手稿中寫道：「鳥是根據
自然界法則運作的機器，因此人類雖
有能力模仿這部機器的所有動作，但
無法達到相同的程度（譯註：指飛
行），而只能局限於平衡動作。因
此，我們可以說，人類所製造的飛行
機器缺少了一項東西，那就是鳥的靈
魂，針對這點，人類的靈魂也要能夠

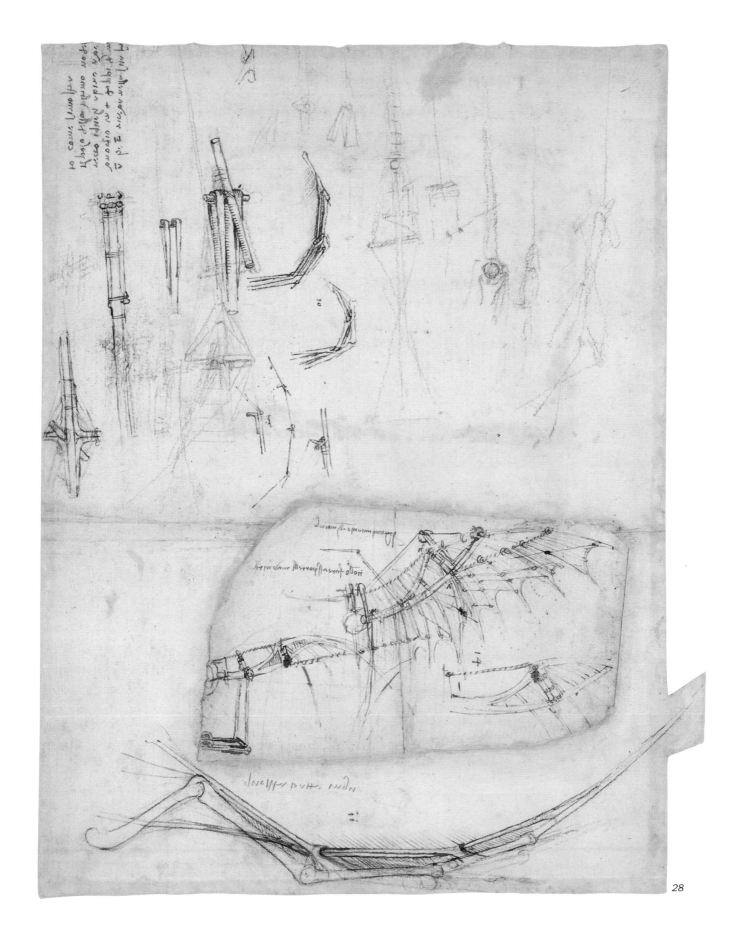

29：飛行機器機翼研究（CV 11v），
　　下方的幾個圖與自然界生物的翅
　　膀極為相似

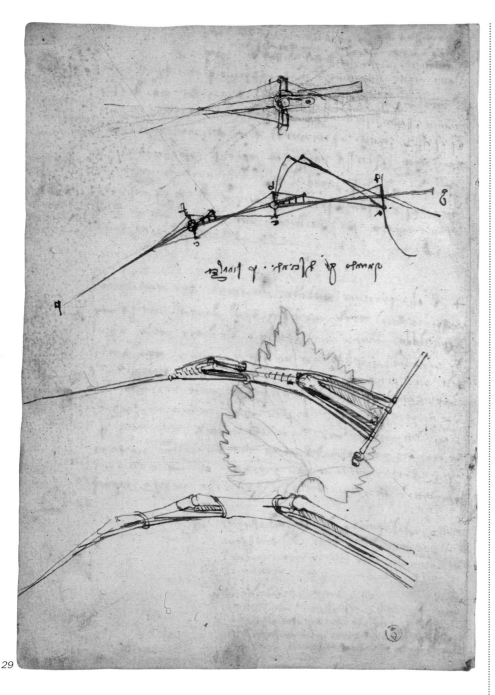

29

仿造鳥的靈魂才行。」（CA 434r）。

　　這段文字的最後幾行告訴我們，
如果某個擁有靈魂的實體要被完全的
模仿複製，是有一些必備條件和限制
存在的。

　　這段文字可以拿來和達文西《繪
畫專刊》（*Treatise on Painting*）裡的
一段文字互相對照，同樣也是在講繪
畫臨摹的困難度，「繪畫作品所欠缺
的只是被臨摹物的靈魂而已。」（約
一五○○年至一五○五年，§15）。

　　為了替飛行機器創造出如同真實
鳥類所擁有的「靈魂」，達文西把駕
駛員放在他所製造的「鳥」（指飛行
機器）裡面，駕駛員並不是主角，也
不能算是新的發明，而只是整架飛行
機器中的一個環節；雖然從本質來
看，駕駛員所具有的靈性是比鳥類更
高的。

　　這種把駕駛員當作飛行機器靈魂
的想法，最早可以追溯到達文西首次
旅居米蘭的時期，當時他的研究重點
在於力學，他所鑽研的是需要多少肌
力才能讓飛行機器飛起來。

　　達文西對動物解剖學重新燃起興
趣，並承認動物是具有智慧的；同一
時間，他對飛行的熱衷程度也愈來愈
高。而且，「駕駛員是飛行機器的靈
魂」這個理論，恰好能解決他在飛行
研究上所遇到的瓶頸，因為面對氣流
需要很強的操控能力，「鳥的身體能
夠快速回應其靈魂的指令，而人類雖
然是飛行機器的靈魂，但與飛行機器
之間仍然有隔閡；事實上，我們在鳥

在拿破崙的命令下，達文西的鳥類飛行手稿和許多其他手稿都被帶到巴黎。這是鳥類飛行手稿首度被竊取，原本它是與比較大本的手稿B裝訂在一起。

在整個十九世紀，達文西的手稿在巴黎引起許多學者的高度興趣。其中一位就是義大利的學者黎布里（Guglielmo Libri）。

黎布里是科學家、數學家及科學史家，因此沒有人會懷疑他會偷竊，而且他能輕易獲得當局的許可，取得達文西的珍貴手稿以做為研究之用。

可是他並不因此滿足，他抽走手稿A和手稿B裡的許多頁手稿，甚至把整個鳥類飛行手稿從手稿B裡分離出來。

有一派假說認為，黎布里移除達文西手稿的手法很巧妙，因此才沒有任何人起疑。據說，他把一條浸過鹽酸的細線夾在手稿裡當作書籤。過了一個晚上或幾天之後，鹽酸就會腐蝕書頁，這麼一來，不必使用刀子或其他較容易被發現的工具，就能輕易地將手稿取下來。

黎布里與
鳥類飛行手稿的失竊

鳥類飛行研究手稿（f.15，左下圖）和達文西的一些手稿，在拿破崙一聲令下被帶到巴黎，收藏在法蘭西學院（右下圖）。

十九世紀時，黎布里又從法蘭西學院竊走部分手稿。過了多年之後手稿才被找回，重新收藏在杜林皇家圖書館之中。下圖為拿破崙肖像，由安格爾繪製。

黎布里找到很好的方式變賣偷得的手稿。他把手稿A和手稿B裡的一些頁面另外裝訂成小冊，並且將鳥類飛行手稿完全拆散。這麼做顯然是為了湮滅證據，讓人找不到他非法引用的達文西原稿。

鳥類飛行手稿因此佚失，其中五幅手稿被賣到倫敦，成為古籍收藏家墨瑞（Charles Fairfax Murray）的收藏品。

這五幅圖稿後來又輾轉被帶到日內瓦，赫然出現在亨利·法提歐（Henry Fatio）的收藏之中。

另外十三幅圖稿則落入俄羅斯王子沙巴契克夫（Theodore Sabachnikoff）手中，而且他還在一八九三年將之付梓，但是版本並不完整。

一九二○年左右，在義大利達文西研究小組及卡魯索（Enrico Caruso）的共同努力下，義大利政府才得以重新找回佚散的手稿，並獲得所有權。

目前鳥類飛行手稿已經修復成最初的版本，收藏在義大利杜林皇家圖書館中。

30及32：〈安吉里戰役〉的草圖
（約1505-1506年，威尼斯，學術
手稿no.215A），以及同一張圖的
匿名複製品

33：人與動物（馬和獅子）的神態
比較（約1504-1506年，
W 12326r）

31：機械翅膀研究圖（約1505-
1506年，CA 434r）

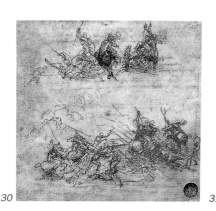

30

31

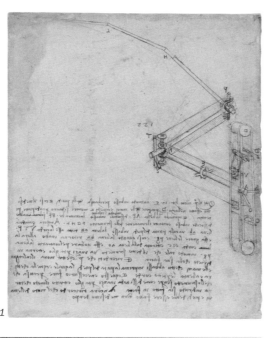

32

類身上觀察到的許多細微動作，絕大部分都是人類可以學習的，而且學會的話，就能讓飛行機器免於墜落。」（CA 434r）。

以駕駛員做爲靈魂的飛行機器必須能夠做出很多細微的動作；這就好像繪畫裡的人物也要有不同的動作，才能展現真人那種極微妙又難以察覺的心靈活動。

藝術有其生命力，工藝技術也是，兩者在這裡找到了共通點。

在一四九〇年代，達文西的飛行研究全都與人體的動態可能性有關，但到了這個時期，達文西努力要讓人類在身體功能、心理狀態和生理結構上，盡可能地趨近動物。

因爲研究大自然，達文西比以前更堅信，鳥的靈魂以及牠們駕御風的能力是可以被模仿的。不過，在這種雄心壯志背後，隱約埋著懷疑的種子。達文西雖然熱中於鳥類研究，不過，他在前一段引述文字中也承認，鳥類在風中飛行的能力是極爲高超的。

同一段的第一行則顯示達文西愈來愈懷疑，人類是否眞的有能力百分之分仿效鳥類。

33

34：人和馬的腿部構造比較圖

（約1505-1508年，W 12625）

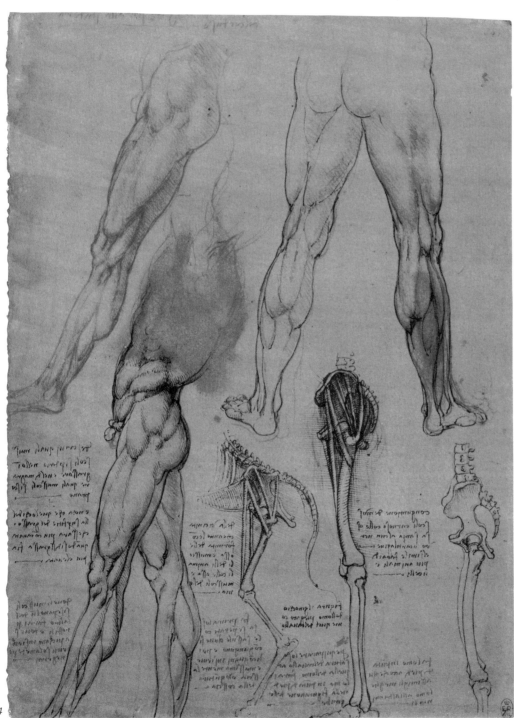

34

大西洋手稿裡的飛行研究

目前大西洋手稿裡面有些單頁手稿，上面的註記和鳥類飛行手稿非常相近。這些手稿通常較不為人所知，而且大多出於同一時期（約一五〇三年至一五〇五年），我稍後會為大家說明原因。其中一幅是大西洋手稿357r，手稿的反面寫著（並非達文西親筆），「佛羅倫斯，一五〇三年四月」。正面的右下角有一幅素描，是駕駛員置身於飛行機器裡的狀況，與鳥類飛行手稿5r上半部的素描非常相似。357r素描的上方有筆記說明了飛行平衡的問題，而5r裡也有相同的註記，「人的位置要比飛行機器的重心稍微高一點。」同一時期還有一張手稿畫的也是飛行機器裡的駕駛員，即手稿L的f. 59r，就在飛行機器操控桿的素描下方。

圖上方有橢圓形路徑圖，可能也與飛行有關。手稿K^{1}的f. 13r、大西洋手稿f.186v，都與手稿K和鳥類飛行手稿出自同一時期，可以拿來互相比對。

再回到大西洋手稿357r，該手稿中有關靜力學的研究，說明了規模大小（其他的手稿也都出現這點）是另一個與飛行相關的主題，這讓我們聯想到鳥類飛行手稿。達文西在357r右上方寫下謎般的文字，也與鳥類飛行手稿有關。其中一個謎語是，「關於從壕溝中

CA 357r（細部圖，左上圖）和手稿L的f. 59r（右上圖）裡的素描，畫的是飛行機器裡的駕駛員。大西洋手稿裡還有一些關於飛行的手稿，但較不為人所知，也與鳥類飛行手稿很類似

（CA 186r，左下圖；202r，下圖。CA 186r的背面有達文西童年記憶的相關文字，佛洛依德就是利用它來分析達文西。202r的背面則是有關安吉里戰役的敘述。）

出來的砲彈，以及砲彈的形狀」、「它會從地底下冒出來，發出嚇人的尖叫聲，讓周遭的人都十分驚訝；它吐出的氣體，能致人於死，能毀城斷垣。」這種先知般的語調讓人聯想到杜林圖書館內收藏的手稿，「大鳥（指飛行機器）的首航將從西賽羅山出發。」大西洋手稿裡還有一幅手稿202r和鳥類飛行手稿出於同一時期。202r背面有描述安吉里戰役的文字，可能是有人寫給達文西，請他依文字敘述畫出這場佛羅倫斯歷史上的偉大戰役。在該手稿中央和下方，則有翅膀的素描，和鳥類飛行手稿11v及7r（圖19、29）裡的插圖非常相似。最後，從圖畫的角度來看，手稿186（尤其是186r）的註記文字與杜林手稿（前面提及背面有橢圓路徑那一張）也很相像。這幅手稿也是佛洛依德用來研究達文西童年的同一張圖，「有隻大黑鳶，像是命中注定來到似的；我最早的童年記憶是我躺在搖籃裡，牠飛下來、打開我的嘴，然後用尾巴不停地在我的口中攪動。」（CA 186v）。

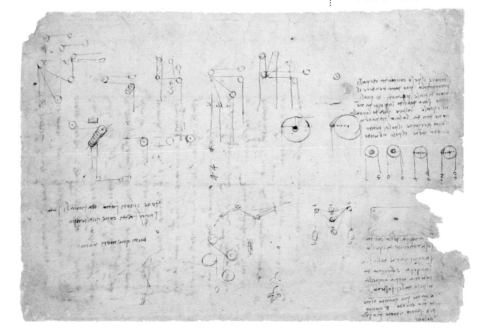

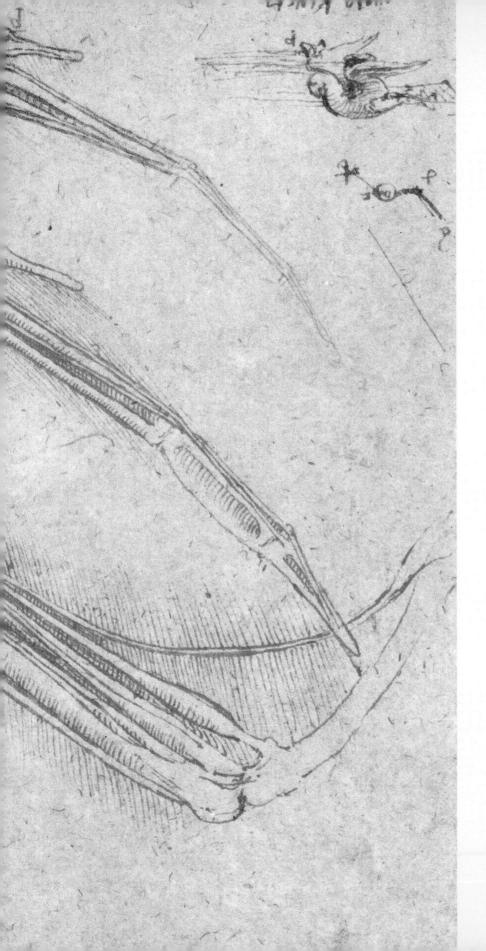

達文西一直到晚年都沒有放棄飛行的夢想。不過,他轉而投入純理論的研究。他早年的飛行研究,著重在知與行相互爲用、理論與實驗並進,但到了晚年卻改變作風。達文西在研究飛行的最後階段,他所感興趣的是飛行本身,還有促進飛行的各種條件。此外,他也進行了一些簡單但十分有趣的實驗來娛樂自己,並製作了一些有趣的發明;這些設計都與飛行有關,性質卻很單純,很像戲劇表演幕與幕之間的餘興表演,可說是達文西在克服飛行夢想的種種困難期間,用來讓自己暫時逃離的一種休息方式。

1：各種不同形式的動作
（Ms. E 42r）

2：大洪水（約1513-1518年，
W 12380）

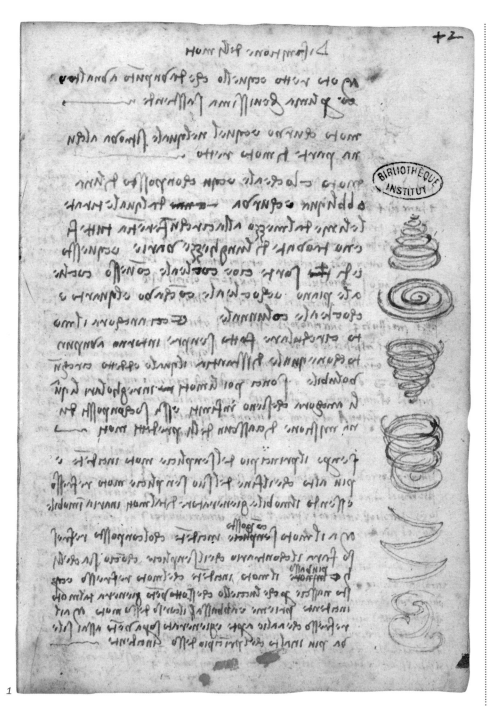

1

「只重實用，無科學根據」的問題

「只注重實用而沒有科學根據，就好像在大海上航行少了舵和指南針一樣，會令人不知何去何從。」這段文字出現在達文西手稿G的8r上。

一般人以為達文西晚年放棄了飛行研究，其實不然，他持續在構想兩種飛行，一為靠拍擊翅膀的主動飛行，一為靠駕御風力的被動飛行。不過，他在飛行研究方面的作品確實是減少了。從他寫下的文字紀錄可以知道，達文西晚年對於飛行研究講求的是理論和認知，缺乏實證的元素，也就是真正地建造一部飛行機器。

手稿G裡的文字是達文西非常晚年的時候所寫的。當時他可能旅居羅馬或米蘭，時間大約是一五一○年至一五一五年。他在一五○六年時首度離開佛羅倫斯，一五○八年再度離開佛羅倫斯，從此之後就沒有再回去過。隨後，達文西就在羅馬和米蘭兩地遊走，直到一五一七年受法國國王法蘭西斯一世（François I）的邀請，前往法國定居，最後在一五一九年長眠於此。上面引述的達文西的敘述，顯示達文西刻意與「實用」知識保持距離，因為以他年輕時的工作室經驗而言，不管是做為一名藝術家或發明工程師，當年在佛羅倫斯講求的都是實用，在這種環境下接受的養成訓練，自然成了達文西飛行研究的基石。但是到了晚年這個時期，理論（或者說純科學）變成了第一優先。達文西有許多關於風、空氣和自然飛

3-5：大洪水的兩種意象；大自然力
量始終是達文西的研究重心
（圖4，約1513-1518年，
W 12376），相形之下，米開朗基
羅著重的則是人（圖3和5，西斯
汀教堂，約1509-1511年）

3

4

行的理論研究，都是出於這個時期。相對而言，「實用性」的研究（即建造飛行機器）就比較少。達文西的思考模式就像是隨時交替變換的海潮一樣，有時著重在對自然的理解，有時則運用工藝或藝術去模仿自然，不過，在此階段他的思考模式似乎被打亂了。他一心一意只想研究理論，而無意再跳回實用性的層面，知與行不再合一。從文藝復興開始到此時期，已過了好長一段時間，它的先驅自然也失去了立足點。

風與鳥的理論研究

手稿E有一部分專門在講飛行，大約完成於一五一三年至一五一四年間，顯示出達文西晚年時對於飛行的研究方向。有些筆記的標題相當引人注目，例如：「鳥類理論」（寫在一排被動飛行鳥類的筆記旁邊，50r）、「理論學」（寫在主動飛行時如何轉彎的筆記旁邊，50r）、「科學」或「法則」等等，這些名詞不斷地在這段時期的圖稿和筆記中出現（f. 49v）。手稿E的開頭中有段關於飛行研究的敘述，也是在講理論研究，「要真正了解鳥在空中移動的科學，就必須先研究風的科學，我們藉由在水中進行同樣的運動來求證，以了解鳥類在空氣與風中的運動模式。」（f. 54r）。

在這個時期，達文西很明白地表示，飛行研究是一門獨立的科學，就像所有的科學或理論知識一樣，它自成一派，也不需要真正建造出具有實

6：萊斯特手稿f. 13B裡針對各種水
流的力學研究（13v-24r）

7：水流的力學研究（約1509年，
W 12660r，細部圖）

8：風對雲的作用，氣象學研究
（Ms. G 91v）

6

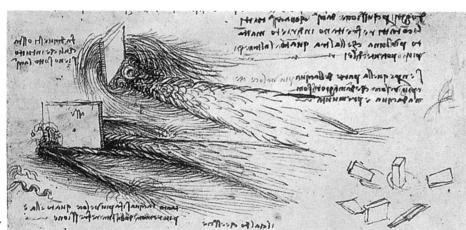

7

用性的飛行機器。在鳥類飛行研究手稿中，達文西在講述完理論之後，就立即做實用方面的說明，將理論應用到飛行機器的製造上。不過，在手稿E裡面，只有簡短地提到人力飛行或達文西所謂的「機具」飛行（instrumental flight）。整份手稿充斥著有關理論的主題，有一段飛行研究筆記甚至插入了一張不同形式的移動分析圖，包括：直線移動、曲線移動、混合移動及螺旋運動（42r，圖1）。

風的科學

達文西晚年所做的藝術與科學研究最明顯的特質就是，他的研究重點從人類轉移到自然環境，在此階段，自然界的要素（尤其是水和風）居於主導地位。自然現象的發生、自然界動物如何與環境共存，都是他的研究主題，而且重要性遠超過動物本身，當然也超過人類。

從藝術的角度來看，只要把達文西的素描「大洪水」（*Deluge*，圖2、4，大約與手稿E同一時期完成）和米開朗基羅在西斯汀教堂（Sistine Chapel）的拱頂壁畫（圖3、5，完成時間比大洪水早一點，約一五〇九年至一五一一年）拿來比較，就能略見其中的脈絡。達文西的大洪水是以全景式呈現，對於大自然元素的描繪淹沒了人的存在。而米開朗基羅的拱頂壁畫則是以人為重點，自然環境只是做為背景點綴之用。

9：CA 205r，宇宙各種元素層的構
　　成圖（右上方）

10：鳥類翅膀和氣壓的相互關係研
　　究（Ms. E 47v）

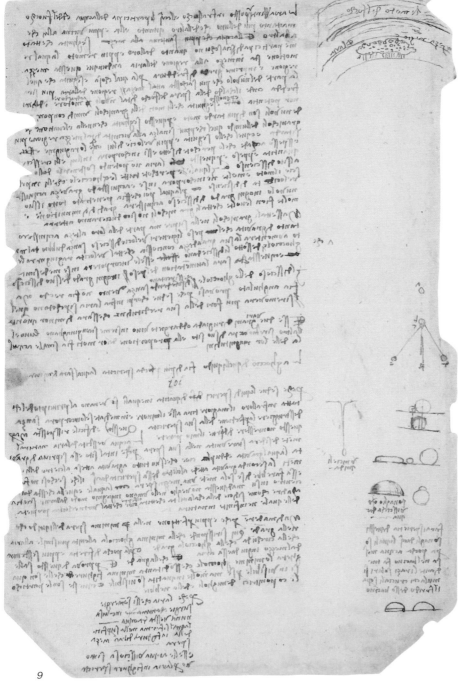

9

從科學角度來看，達文西的新觀
點在萊斯特手稿（Codex Leicester，
一五〇六年至一五一〇年，圖6）裡
就已出現，這份手稿全部在研究水和
陸地，其中甚至出現一個新觀念——
光波會受空氣干擾，進而影響它傳送
到眼睛的影像密度。達文西在繪畫中
所運用的著名技巧——「空氣遠近法」
（Sfumato），就是根據這個理論；他
把圖像畫得模糊、失焦，與十五世紀
精確的數學觀點背道而馳。達文西的
飛行研究也是這個泛論的另一個例
證。

　　手稿E大部分都在研究風的科
學，這些研究不但指出問題，也努力
尋求答案。空氣、風都是看不見的，
因此要像研究水中運動一樣來研究空
氣和風，就會出現問題。之前達文西
曾打造了一個風速計，就是爲了「看
到」風，並加以測量（CA 675和阿朗
戴爾手稿〔Arundel〕241r）；他也製
作了一個濕度計，用以測量空氣的
「密度」。但在這個階段，達文西則針
對氣流進行系統性分析，並拿先前的
水流研究來做類比推論，也研究水在
不同狀態下的變化（例如：從山壁傾
洩而下的水、水遇到物體就分開，圖
6、7）。針對風的科學研究，達文西
提出的解決方案是運用水的運動來加
以類比；同樣地，他也把類比用在動
物研究上，認爲鳥類在空中的飛行就
像魚在水裡游動一樣，而開始直接從
動物活動的元素上著手。

　　手稿E的54r中還有其他類比式的

構想，包括：風遇到山就會岔開、自由擴展，就如同水快速通過狹窄通道之後流入水槽一樣，會變得緩慢、力道較低。「風吹過山時，變得又快又強，通過之後就變得緩慢而力道微弱，這和水從狹窄河道流入海裡的情況一樣。」

達文西也擴大他的研究範疇，將地質學和氣象學納入。在某些研究裡，達文西分析風的形成；他也研究氣溫改變時，空氣是如何變成水（反之亦然），因而致使空氣快速逸入周遭的空間中；他還研究風對雲的作用（G 91v，圖8），以及站上更廣泛的宇宙學角度，分析空氣接近火層時為何會變得稀薄。

達文西相信亞里斯多德的宇宙觀。地球上的四大元素形成一層層的同心圓層（至少從虛擬角度來看是如此，因為各元素的移動不斷地讓四大元素形成不同的排列組合）：火層在最高的位置，接下來是空氣，然後才是水，而位置最低、最中心的是土。

大西洋手稿裡有一張素描（205r）畫的就是這種宇宙組成觀（圖9）。

然而，很特別的是，達文西曾在早期的研究（M 43r和M 43v）中提出「愈高層空氣愈稀薄」這個假說，如今在手稿E的鳥類飛行觀察中又再度得到印證，「小型鳥類無法飛到較高的地方，大型鳥類則不喜歡飛得太低。這是因為體型較小的鳥類羽毛量較少，不像禿鷹或老鷹等大型鳥類有許多層羽毛可抵擋高空的低溫。小型

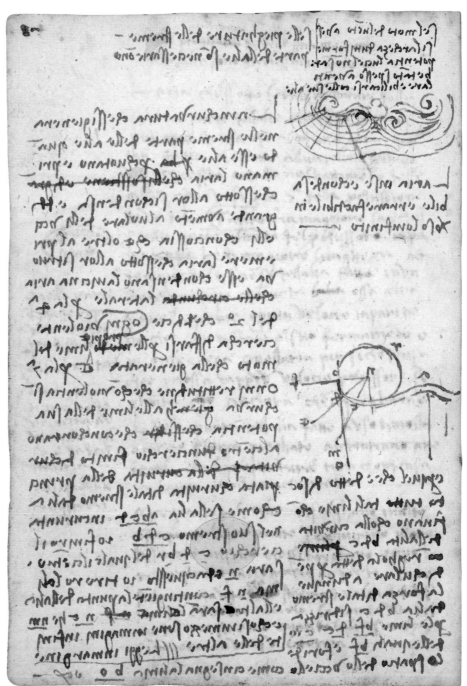

10

11：觀察鳥類飛近海邊岩壁時的動
作，藉以了解風的作用的研究
（Ms. E 42v，細部圖）

12：觀察鳥類飛行路徑以了解氣流
的研究（Ms. E 54r）

11

鳥的翅膀也很單薄無力，在空氣濃度較高的低空飛行還可以，在空氣稀薄的高空卻撐不了多久。」（43r）。

只有大型的掠食性鳥類才能在高空中飛行。由於小型鳥類的翼展較小，而高空的空氣稀薄，因此不足以支撐小型鳥的飛行。鳥和水，似乎都是達文西用來了解氣流的途徑，但達文西真正的研究重點並非在它們身上。有時候，達文西全心全意地研究鳥類的移動，但真正的研究目標卻在其他地方，他只是藉由鳥類來了解空氣的法則；這就像他研究水流的時候，曾經在水裡面放置障礙物一樣，而在空中，鳥類則是會因應氣流變換的自然障礙物。

達文西「風的科學」的基本法則之一，就是空氣能夠被壓縮。空氣和水不一樣，只要空氣得到足夠的擠壓（例如拍擊翅膀時對空氣產生的作用），就可以被壓縮，「空氣幾乎可以無限制地被壓縮」（E 47v）。達文西在同一幅手稿（圖10）中畫了一支鳥的翅膀，似乎是用來做為這個假設的佐證。翅膀的曲率（特別是翅膀末端羽毛的），與翅膀下氣流的曲率有直接關係。

和鳥類飛行手稿裡的其他素描比起來，這個分析假設是前所未有的明確，而且達文西還畫了幾條線表示向心力，這些向心力迫使翅膀產生曲率。在另一份研究手稿（E 42v，圖11）中，達文西觀察到，某些鳥類若將翅膀全部伸展開來，可以在海岸岩

壁旁的空中停留不動。他推論，在海岸岩石旁，由於風撞擊岩壁後會反彈向上，所以會形成上升氣流，因而能支撐鳥類。他還在另一幅研究空氣動力學的素描中，畫了鳥類在空中停留的樣子，看起來很像是在水流底下。最後，鳥類快速地轉向，這代表空氣中有兩股不同方向的氣流迫使牠們做出這個動作（E 54r，圖12）。

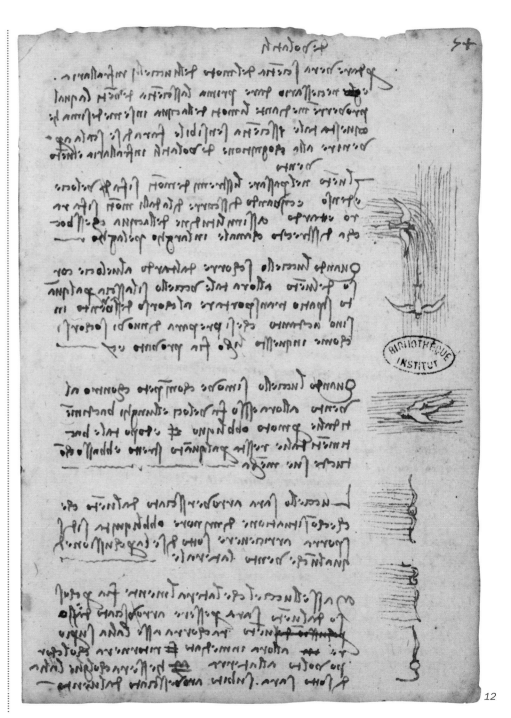

12

13-14：隨風向不同而改變的飛行路
　　徑研究（Ms. E 40r及40v）

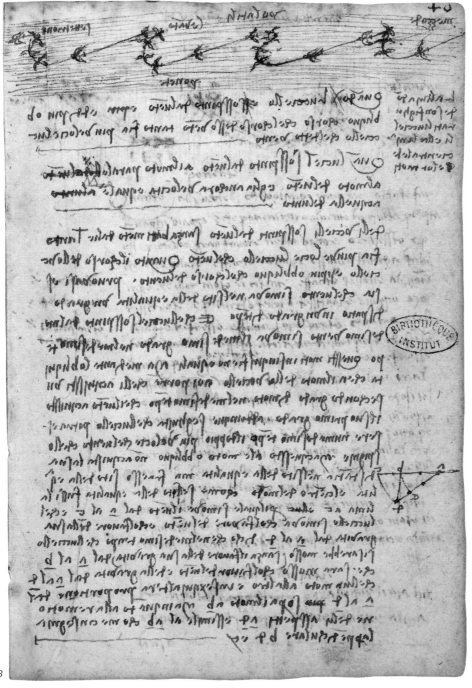

13

鳥類研究：飛行、解剖學、動物行為學

　　達文西的鳥類研究，不只是一門「風的科學」，也是一門深入而獨立的學問。標題為拉丁文「De' volatili」的篇章，介紹的是手稿E裡與鳥類研究有關的內容。

　　該研究有三大主題：飛行中的運動、解剖學、動物行為學。第一個主題是延伸前面已經討論過的東西，即鳥類在飛行時的平衡動作、翅膀的拍擊，以及鳥的速度和高度在風的作用下會如何改變（E 40r、40v，圖13、14）。第二個主題是解剖學，達文西最美也最完整的解剖學研究約是在一五一三年（W 12656、19107，圖15、17）開始的。達文西在第一個主題處理的是鳥的飛行，第二個主題則試圖探究鳥類運動背後的生理構造因素。之前對翅膀進行的解剖學研究屬於機械翅膀計畫的一部分（譯注：具有實用性），而這個時期的解剖學研究卻是純科學，探討的是鳥類在飛行時生理構造的各種作用。

　　在溫莎手稿12656（圖15）中有相當仔細的解剖學研究，各種不同的素描顯示達文西在鳥類解剖學研究上的準確度與完整性，絲毫不亞於幾年前（約一五一〇年，圖16）對人類手臂進行的解剖學分析。

　　此外，從溫莎手稿裡的素描也可看到，達文西特別比較了人類手臂和鳥類翅膀的異同。他在此時期所研究的主題，其實是更宏觀的動物解剖學

15-16：鳥類翅膀生理構造的詳細研
　　究（約1513年，W 12656r，圖
　　15），可以看出人類手臂與鳥類翅
　　膀的構造相似（約1509-1510
　　年，W 19000v，圖16）

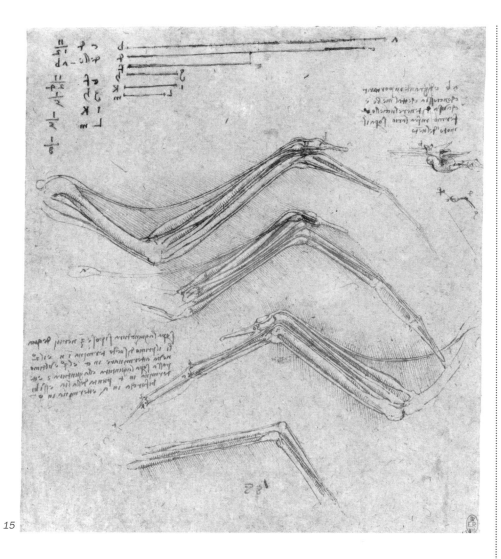

15

的一部分——人與其他動物的關係，這個主題在他的思考中份量愈來愈重。從嚴格的解剖學角度來看，小羽翼（像拇指般大小的一小撮硬毛）是先前的研究未曾提及的部分。

小羽翼在翅膀的第三關節上方，結構很完整，像是縮小版的翅膀，達文西把它畫得像是動物的爪子，並在註記文字中，把它比喻成像是動物手上的拇指。

如前所述，達文西現階段的解剖學分析，純粹是功能取向，從他的素描可以看到，小羽翼如何幫助鳥類在空中翱翔。

在達文西飛行研究裡面，小羽翼就像是方向舵，當翅膀邊緣傾斜時，小羽翼就能劃破空氣、改變方向；或者，小羽翼也可以用來擠壓翅膀下方的空氣，讓鳥類停駐在空中不動。

小羽翼也出現在達文西的另一份解剖學研究當中（圖17），不過，這份研究著重的是不同的功能——用翅膀末端來保持飛行。翅膀末端會形成一個延續的平面，能夠壓縮空氣，一旁的附註則說明了羽翼的伸展與收縮。

達文西鳥類研究的最後一項主題是自然界的動物行為學，他對昆蟲、蝙蝠等其他動物的飛行研究，則出現在手稿G的部分素描當中。從青少年時期開始（蝙蝠是比較後期的研究對象），達文西就一直在研究這些動物與飛行機器的關聯。

如今達文西研究動物是為了動物

本身，他探究某些飛行技巧背後的自然因素，也以文字說明了動物行為學，但這階段的研究都與人力飛行無關。

達文西指出，由於蝙蝠翅膀上有覆膜，才能讓蝙蝠展翅高飛（G 63v，圖18）。

達文西也研究「四種蛾類和吃蟻昆蟲的飛行」（G 64v，圖19），包括一般所謂的蟻獅（ant-lion），這項研究也是採用類比的方式。甲蟲也是達文西的研究對象，他觀察到，甲蟲只用其中一對翅膀來飛行，另一對翅膀則作為保護或覆蓋第一對翅膀之用（G 92r，圖20）。

他同時研究蒼蠅，蒼蠅拍擊翅膀時所用的力道和所發出的聲音（嗡嗡聲）相當大，才能停在空中，而且牠們會用後腳做為方向舵（G 92r）。

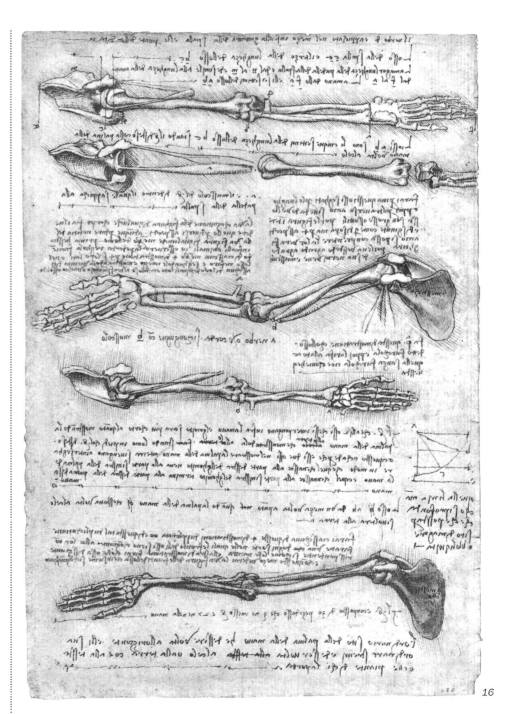

16

17：翅膀的構造圖（約1513年，
W 19017）

18：鳥和蝙蝠的研究（Ms. G 63v）

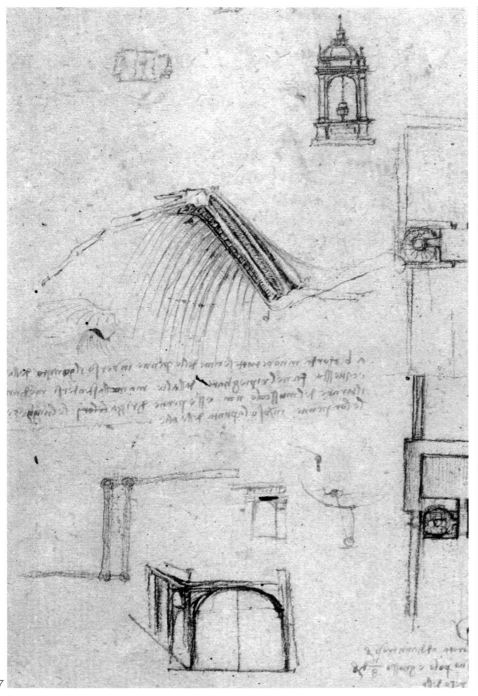

17

人類飛行：最後一次提到飛行機器及拍擊飛行

手稿E裡多半都是有關鳥類飛行運動的理論研究，然而，達文西的心思有一度離開了純知識的領域，轉而模仿鳥類的機械翅膀。手稿44v的註記文字主要是在描述鳥類行為，不過似乎從「知」的角度轉向了「行」（模仿）的實踐。

達文西曾指出實際應用的危險性，他以第二人稱寫下這段文字，像是在跟自己說話，又像是在對飛行機器的駕駛員耳提面命，行文風格和鳥類飛行手稿很像，「因此，透過這種方式，你就能夠將原來摺起來的翅膀伸展開來、指向地面，同時把位置較低的、已伸展開來的翅膀收起來，直到達成平衡為止。」不過，這只是思考的暫時脫軌。在這幅圖稿或手稿E裡並沒有與機械翅膀及鉸鏈操作有關的描述。達文西大約在一五一三年至一五一四年完成的溫莎手稿裡，有一張小幅的翅膀素描，翅膀是由四塊骨頭構成，靠肌腱來牽動，其中一條肌腱穿過了一個環狀纖維（19086r，圖21、22）。

在前面的例子當中，我們不清楚這些素描畫的究竟是鳥類或昆蟲的翅膀，還是人造翅膀，但可以肯定的是，達文西在晚年時仍然不斷想著機械翅膀的研發。在大西洋手稿124r裡面，有一段註記文字與自然飛行的理論分析有關，特別提到了人工飛行的拍擊動作，「你將呈現鳥類的翅膀及

胸部肌肉如何讓翅膀拍動的解剖構造。你也要讓人模仿鳥類的動作，藉此了解人類如何透過拍擊翅膀而得以在空中停留。」

同一份手稿中的另一份圖稿（1047r，圖23）與前述圖稿（約一五一三年至一五一五年，旅居羅馬時期）都是達文西於同一時期完成的，他在裡頭畫了飛行機器，甚至也畫了駕駛員。

這可能是一份撲翼飛機的研究計畫，翅膀直接接在駕駛員的手臂上。如果這樣的解讀是正確的話，那我們就可以來看看「解剖學手稿A」（Anatomia A，約一五一○年，W 19011v，圖24）裡的研究；肌肉負責人類手臂的運動，就像鳥類的翅膀是靠肌肉做出動作一樣，「手或手指的任何動作，都要靠手肘以上的肌肉來帶動，因此對鳥類來說，拍擊翅膀的肌力來源是從胸部開始，而鳥的胸肌重量比全身其他部分加起來還重。」鳥的胸肌負責做出翅膀拍擊的動作，這也是達文西一直想複製到飛行機器上面的。有一張素描顯示有條手臂握著一支長竿，這個姿勢跟大西洋手稿1047r中的撲翼飛機裡的駕駛員很像。

人類飛行就像空中的落體

在大西洋手稿中的同一幅圖稿裡有著關於物體自空中落下的文字，「明天準備往空中丟下櫥櫃裡各種形狀的物體，或把它們從碼頭扔下去，

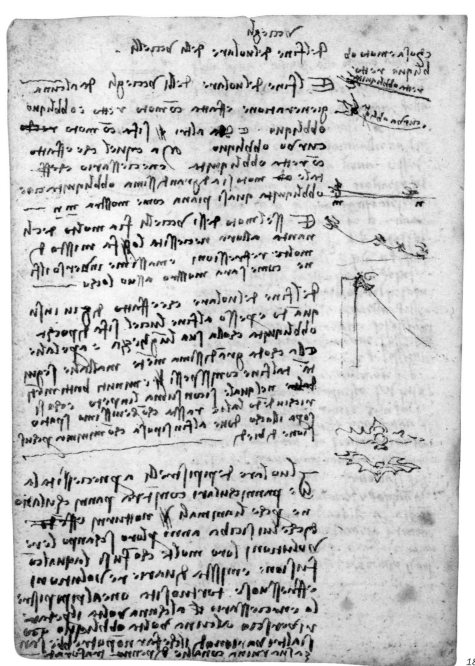

18

19

然後畫出這些東西的形狀，以及它們下墜時各個階段的移動方式。」

達文西除了研究飛行平衡及拍擊飛行之外，他在這個時期對於人力飛行的研究也包括空氣靜力學。有兩處文字分別從不同角度分析人類的飛行。

達文西的思考不只源於解剖學和鳥類運動，也參考了空氣的物理學，以及物體在空中的力學行為，比方說，「有關空中的落體（G 74r）」、「各種沒有感覺、不同形狀的物體從空中落下（W12657）」，這些標題或「介紹」也應用在人類飛行研究上。

在這些概括性的空氣動力學研究當中，是以沒有感覺、沒有生命，因此也無法有「自主」行為的物體為主要研究對象，它們是無意識、不靠本能地往下掉落。而這類研究中的兩個例外就是人和鳥類。

在這兩處有關人類飛行的敘述中，有一處是根據對鳥類的觀察，但只有將空氣動力學的總則應用到人體上，「鳥類越是擴張翅膀和尾翼，就能飛得愈高，而肢體愈伸展，就變得愈輕盈。由此可以推論，只要翼展的寬度足夠，就能支撐人類的重量，讓人在空中飛行。」（E 39r）。

鳥類只要把翅膀和尾翼張開，身體就可以變得更輕盈；反之，如果收縮，就會變得比較沈重。事實上，當鳥類想要下降時，通常都會把尾翼和翅膀收起來。這個法則適用於所有物體，因此，也可應用在人類身上。換

21-22：自然界生物的翅膀或機械翅
　膀的部分構造，細部圖與全圖
　（約1513-1514年，W 19086r）

23：戴著機械翅膀的飛行員研究
　（約1513-1515年，CA 1047r，
　細部圖）

21

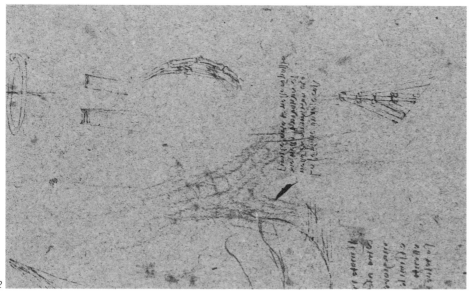

22

句話說，人類如果懸吊在夠大型的機具上，就能夠在空中飛行。

雖然達文西還是使用「翅膀」這個詞彙，不過指的就不是他慣稱「大鳥」的飛行機器了。

在手稿G另一處與人類飛行有關的註記中（約一五一〇年至一五一五年，74r，圖25），達文西畫出人類吊在木板下面的圖示。值得注意的是，此處的說明並未提到動物研究。

達文西在研究中融入了空氣動力學和空氣力學，用以了解像木板之類的「無感」（insensitive）物體的動作。他的推論是以動力學和物理學為基礎：當一片彎曲的紙片或木板從空中落下時，朝下的那一面會對空氣產生一股向下的壓力。

因為空氣被壓縮，所以，在物體上方及兩側的空氣就變得比較輕，物體下方那一面獲得較大的支撐，和上方那一面比起來也相對輕盈。如此一來，上方那一面就會往下沈，造成紙片或木板以「Z」字形下降。和垂直降落比起來，這樣的飛行路線比較寬，落地的力道也比較輕。

吊在木板下方的人，可以藉由將木板左右傾斜，來減緩下降速度。

在這裡，我們看到達文西的理論應用變得更簡單，同時也更巧妙，遠遠超過他在米蘭時期所設計的降落傘、球體或風箏。

有趣的結論及研究捷徑
瓦薩里（Giorgio Vasari）回想達

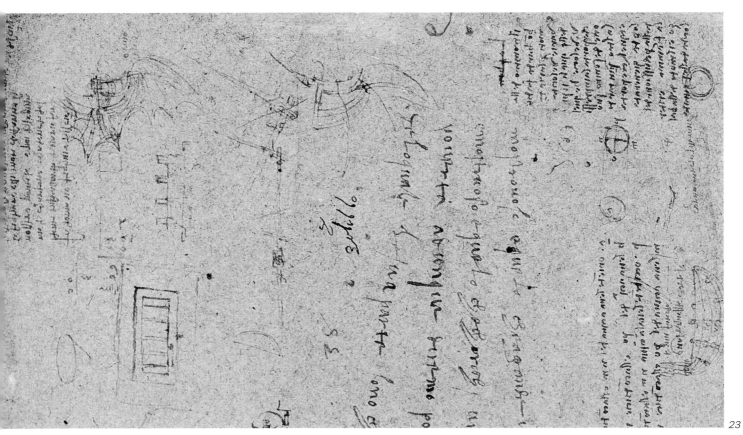

24-25：人體解剖圖與一段比較人類
與鳥類動態能力的筆記（圖24，
其中一隻手臂讓人聯想到機械翅
膀的構造，約1509-1510年，
W 19011v）。該手稿上的文字說
明顯示，達文西在此時期零星卻
持續地研究如何利用翅膀拍擊來
實現人類飛行的目標。從一張畫

著一個人懸掛在橫桿下的圖稿
（Ms. G 74r，圖25）可以看出，
空氣靜力學也是達文西的研究主
題之一

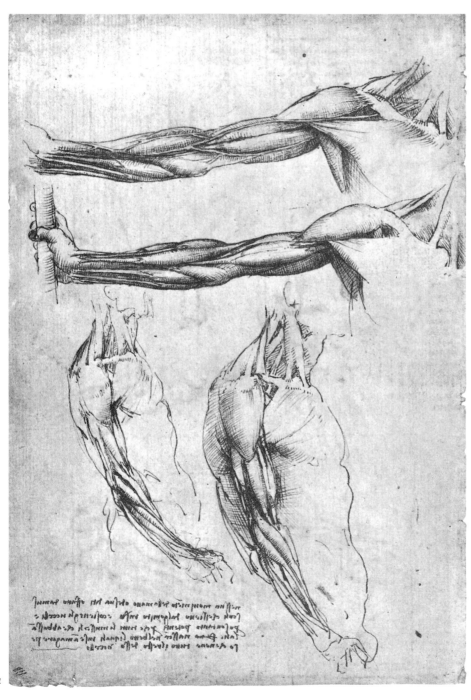

24

文西在羅馬做客時的事情（約一五一
三年至一五一六年），「他用蠟製成
的漿狀物……雕塑出輕型巨大的動物
形體，然後用風去吹，讓它們在空中
飛行。」

瓦薩里又說，達文西「取出牛的
腸子，把裡面的油脂全部去除……然
後再吹氣進去，牛腸充滿整個房間，
體積非常龐大。」

在這個時期能夠讓文西感到開心
的，不再是模仿鳥類飛行的機具，而
是上述所說的輕型雕塑和充氣牛腸。
瓦薩里表示，「他做了許多這類蠢
事。」

達文西晚年逐漸轉向理論的研
究，也跳脫飛行機器的設計，而這些
好玩的小東西，更是他實驗上的一個
有趣面向。

然而，這些玩票性的實驗似乎不
單只是宮廷裡用來打發時間的小玩意
兒，而有著更深層、更個人的意涵。
同樣是宮廷娛樂，達文西仍用上了技
術更為複雜的飛行裝置（如圖26的飛
行機器），這都有更深的意義。

圖26的飛行機器機械鳥設計於一
五〇八年左右，出現在大西洋手稿中
（629bv），它用繩子吊掛著下降，內
部有機械裝置能夠使翅膀拍擊。

這類設計與達文西早期模仿鳥類
運動的飛行機器比起來，很明顯是一
種「簡化版」。以前所設計的飛行機
器，目的是希望能真的飛起來，而且
還有靈魂（駕駛員）。

洛馬佐（Giovan paolo Lomazzo）

26：鳥類造型的飛行機器（約1508 年，CA 231av，上方）　　27-28：人的肩膀上附有翅膀，以及 其他研究（約1508-1510年， W 12724r及CA 166r）

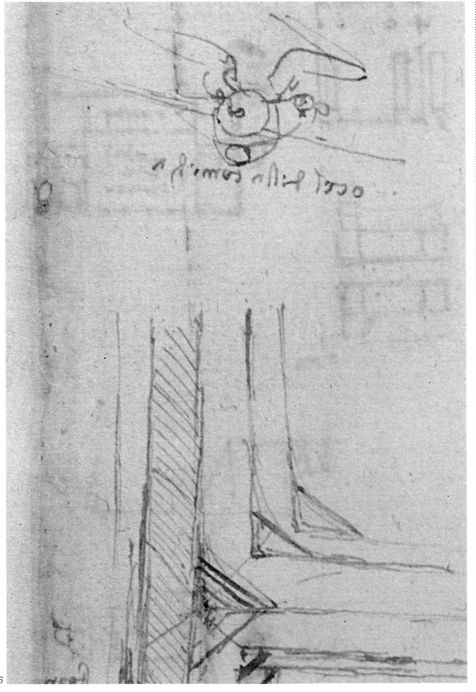

26

在提到達文西晚年設計的飛行機器及其他裝置時寫道：「達文西讓大家知道鳥類如何飛行⋯⋯如何讓獅子跳圈圈，並打造出巨型的動物。他用某種材料做成像空中會飛的鳥，還有一次替法國國王法蘭西一世做了一隻獅子，可說是機械裝置中的傑作；獅子走進房間，停下來，胸膛打開來，裡面滿是百合花和各種鮮花。」（Idea del tempio della pitura，一五九○年）。

類似的素描還包括穿著翅膀（W 12724r，圖27，也可參考W 12506）或披著大斗篷的人（CA 166r，圖28）從高處往下跳。

大致上來說，這類素描大約完成於一五○八年至一五一○年，可能也是用在慶典或劇場的機械。雖然從其中看不到技術上和機械上的新概念，但其戲劇性和趣味性卻是相當高的。

大西洋手稿1047r的撲翼飛機也是直接與駕駛員的身體相連，因此可以合理地推斷，這個設計或許也是用在劇場表演。

從這些例子看來，達文西的研究似乎回到原點──劇場發明，如同他年輕時在佛羅倫斯所做的一樣；我曾在第一章提到的喬托鐘樓，其上的版畫刻有希臘神話中為了逃出迷宮而設計飛行翅膀的戴德拉斯（Daedalus），達文西為了人類飛行所做的撲翼飛機，喚起了人們對古老希臘神話的記憶。

達文西的研究繞了一圈，回到了

起點。他花了好長的時間研究，試圖理解大自然，再加以複製。最後，達文西並沒有成功。

不過，達文西於晚年所設計的劇場用機械，和他年輕時的設計並不相同；早年是帶著樂觀的嘗試心態，如今這些奇幻裝置卻是他用以逃避的方式。這樣的解讀在達文西的某段文字（約一五〇八年至一五一〇年）中似乎得到印證，「飛行似乎不是科學，因為如果是的話，應該可以避免所有的危險，就像鳥在空中乘風飛翔不會墜落……或是魚在河海中游行不會溺斃一樣。」（W 12666r）。

人類建造的船是模仿魚的動作，卻永遠也無法和魚或鳥能抵抗暴風的天生本能相比擬。雖然達文西沒有明說，但是他認為飛行機器就是乘風而行，是人類模仿鳥的一種作為。

對達文西而言，這種飛行方式是在工藝技術上模仿大自然，似乎顯得非常「不完美」而且不恰當。

達文西試圖複製鳥類翅膀的生理構造，他曾經讚嘆，大自然總是有辦法創造出恰好適用於某種功能的最完美構造（「翅膀操控方向的妙用」，W 12657）。

不過，正是因為他一心一意從技術上模仿大自然，才導致他的絕望。

因此，達文西在晚年對於「風的科學」的應用研究，除了極少數的篇幅是有關飛行機器的研究之外，全都與娛樂、奇幻和劇場用途有關，這點也就不令人意外了。

27

在達文西之後，十九世紀末二十世紀初時，人類對於飛行的興趣急遽升高。這個時期的先驅有李林泰（Otto Lilienthal，一八四八年至一八九六年）及穆勒（Pierre Louis Mouillard，一八三四年至一八九七年）。

同一時期當然還有成功實現飛行的萊特兄弟（Wilbur and Orville Wright，一八六七年至一九一二年及一八七一年至一九四八年）。

一九○三年時，萊特兄弟成功地駕著燃燒衝壓引擎來驅動的飛機升空，因而建立了現代飛行的里程碑。達文西的研究對於這個成果有沒有直接或間接的影響呢？答案很難一語道盡。

沒錯，在十九世紀末的飛行研究當中，達文西的鳥類飛行手稿出版於一八九三年（不盡完整，有部分頁面佚失）。李林泰、穆勒和馬海（Marey）對人類飛行的構想，都與達文

達文西與現代飛行

西的角度十分相似：他們認為應當是模仿自然界鳥類的飛行。這些人的研究也充滿了對鳥類飛行的觀察和法則，所設計的飛行機器也是運用風力來飛行。

這些學者（包括萊特兄弟）是否知道達文西的觀點是一個有趣但無解的問題。就像前面所說的，達文西的鳥類飛行手稿一直到了這個時期才首度公開。

不過，即便有這些巧合，我們必須強調，達文西所想像的飛行和現代飛行還是有很大的差距。

一九○三年，萊特兄弟利用引擎來推進的現代飛機試飛成功，實現了揚棄模仿大自然的飛行方式。

這與達文西的觀點有著很明顯的差異，等於是宣告一個時代的結束。在這個時期，雕塑藝術（令人立刻想到的就是立體派）也不再模仿現實，顯然不是巧合。

達文西如果站在現代飛機面前，一定會很驚異，但同時也會很失望。現代飛機的機翼僵硬（不像鳥類的翅膀可以收縮、有關節可以彎曲），而且機身內還有自動引擎裝置，這對達文西來說，可能都無法接受，畢竟他認為唯一值得追求的飛行方式，就是模仿自然界生物的飛翔。

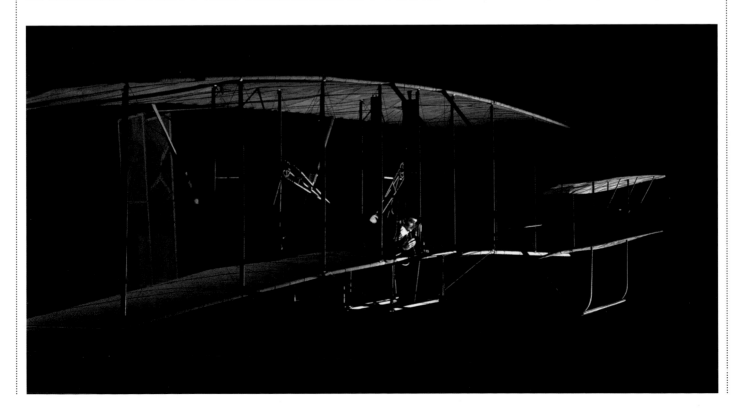

萊特兄弟的飛行機器，收藏於美國華盛頓史密斯索尼國家航空航太博物館（Smithsonian Institution's National Air and Space Museum）。

參考書目

本書所引用的達文西手稿皆出自吉恩堤出版社（Giunti Editore, Florence）所出版的《達文西手稿國家版》（由Vinciana委員會監製）

G. Cardano, De Subtilitate, Nurimberg 1550, p. 317.

P. Boaystuau, De hominis excellentia, Antwerp 1589, p. 239.

G. Uzielli, Descrizione del codice di Leonardo da Vinci relativo al volo degli uccelli appartente al conte Giacomo Manzoni di Lugo, in Ricerche intorno a Leonardo da Vinci. Serie seconda, Rome 1884, pp. 389-412.

H. de Villeneuve, Léonard de Vinci aviateur, "L'Aéronaute", Paris September 1874.

G. Govi, Sur une très ancienne application de l'hélice comme organ de propulsion, "Comptes rendus hebdomadaires des séances de l'Académie des sciences", XCIII, Paris 1881, pp. 400-402.

P. Amans, La physiologie du vol d'après Léonard de Vinci, "Revue scientifique", XLIX, Paris 1892, pp. 687-693.

C. Buttenstedt, Leonardo da Vinci's Flugtheorie, "Die Welt der Technik", Berlin 1907.

P. Ravigneaux, Léonard de Vinci (1452-1513 [sic]) et l'aviation, "La vie automobile", VIII, Paris 1908.

L. Beltrami, L'aeroplano di Leonardo, in Leonardo da Vinci. Conferenze fiorentine, Florence 1910, pp. 315-326.

E. Mc Curdy, Leonardo da Vinci and the science of flight, "The nineteenth Century and after", XIX-XX, London 1910, pp. 126-142.

O. Sirén, Leonardo da Vincis Studier rörande Flygproblem, "Särtrysck ur nordisk Tidskrift", 5, Stockholm 1910.

L. Beltrami, Leonardo da Vinci e l'aviazione, Milan 1912.

H. Donalies, Leonardo da Vinci's Flugtheorie, "Deutsche Luftfahrer Zeitschrift", XVI, Berlin 1912.

S. De Ricci, Les feuillets perdus du manuscrit de Léonard de Vinci sur le vol des oiseaux, "Mélanges Picot", extract, Paris 1913.

R. Giacomelli, Gli studi di Leonardo da Vinci sul volo , "L'aeronauta", II, Rome 1919.

G. Boffito, Due passi del Cardano concernenti Leonardo da Vinci e l'aviazione, "Atti della Reale Accademia delle scienze di Torino", Turin 1920.

G. Boffito, I voli di Dante Alighieri e di Leonardo da Vinci, in Il volo in Italia: storia documentata e aneddotica dell'aeronautica e dell'aviazione in Italia, Florence 1921 pp. 58-71.

F. J. Haskin, Leonardo and his Wings, "The Springfield Union", 26, X, New York 1921.

G. De Toni, Gli studi sul volo, in Le piante e gli animali in Leonardo da Vinci, Bologna 1922, 129-142.

B. Hart Ivor, Leonardo da Vinci as a pioneer of aviation, "The Journal of the Royal aeronautical Society", XXVII, London 1923, pp. 244-269.

B. Hart Ivor, Leonardo da Vinci as a Pioneer of Aviation, in The mechanical Investigations of Leonardo da Vinci, London 1925, pp. 143-193.

R. Giacomelli, La forma di migliore penetrazione secondo Leonardo, "Atti della prima settimana aerotecnica", Rome 1925; extracts, Pisa 1925.

R. Marcolongo, I centri di gravità dei corpi negli scritti di Leonardo, "Raccolta Vinciana", 13, Milan 1926-1929, pp. 99-113.

G. Bilancioni, Le leggi del volo negli uccelli secondo Leonardo, "L'Aerotecnica", Pisa 1927.

R. Giacomelli, Leonardo da Vinci e il volo meccanico, "L'Aerotecnica", VI, Pisa 1927, pp. 486-524.

R. Giacomelli, Il volo degli uccelli in due recenti pubblicazioni vinciane, "Rivista di aeronautica", III, Rome 1927.

R. Giacomelli, Dispositivi per il controllo laterale e l'aumento della portanza nell'ala dell'aeroplano e dell'uccello, "L'aerotecnica", VI, Pisa 1927, pp. 40-58.

R. Marcolongo, Le invenzioni di Leonardo da Vinci. Parte prima, Opere idrauliche, aviazione, "Scientia", 41, 180, Milan 1927, pp. 245-254.

G. Bilancioni, Svolgimento storico del concetto di aria, "Annali delle Università toscane", XI, Pisa 1928, pp. 107-171.

R. Giacomelli, Les machines volantes de Léonard de Vinci et le vol à voile, Extr. du tome 3 des Comptes rendus du 4.me Congrès de navigation aérienne tenu à Rome du 24 au 29 octobre 1927, Rome 1928.

G. Mormino, Leonardo da Vinci e il volo, "Rassegna nazionale", II, Rome 1928, pp. 177-182.

E. Verga, Recensioni agli studi di R. Giacomelli 1919, 1925, 19271-4, 1928, "Raccolta Vinciana", XIII, Milan 1926-1929 (1930), pp. 156-163.

G. Bilancioni, Leonardo e Cardano, "Rivista di Storia delle Scienze Mediche e Naturali", XXI, Rome 1930, pp. 4-30, in particular pp. 20-25.

R. Giacomelli, The aerodynamics of Leonardo da Vinci, "The Journal of the Royal Aeronautical Society", XXXIV, 1930, pp. 1016-1038.

R. Giacomelli, I modelli delle macchine volanti di Leonardo da Vinci, "L'Ingegnere", V, 1931, pp. 74-83.

R. Giacomelli, Il terreno scelto da Leonardo per il volo a vela, "Aeronautica", Rome 1931.

G. Mormino, Il precursore dell'aviazione mondiale: Leonardo da Vinci, "Almanacco aeronautico", Milan 1931, pp. 13-19.

Esposizione dell'aeronautica italiana, catalogue, Milan 1934.

R. Giacomelli, Progetti vinciani di macchine volanti all'Esposizione aeronautica di Milano, "L'aeronautica", 14, Rome 1934, 8-9, pp. 1047-1065.

R. Giacomelli, Gli scritti di Leonardo da Vinci sul volo, Rome 1936.

A. Dattrino, Il volo a vela e il volo muscolare, Turin 1938.

R. Giacomelli, Leonardo da Vinci e il problema del volo, «Sapere», Milan 1938, pp. 404-408.

AA. VV., "Ala d'Italia", XX, Rome 1939, special issue dedicated to Leonardo.

G. Mormino, Storia dell'aeronautica dai miti antichissimi ai nostri giorni, Milan 1939.

R. Giacomelli, Leonardo da Vinci e Francesco Lana: i due primi assertori del volo in base a considerazioni fisiche e Giovanni Alfonso Borelli e la prima critica razionale su basi quantitative dei sistemi per volare, in "Atti della XXVII riunione della SIPS [Società italiana per il progresso delle scienze]" (Bologna 1938), Rome 1939.

R. Giacomelli, Macchine volanti e strumenti metereologici e di volo in Leonardo da Vinci, "Annali dei lavori pubblici", XXXIX, Rome 1939.

R. Marcolongo, Il volo degli uccelli e il volo umano o strumentale, in Leonardo da Vinci artista-scienziato, Milan 1939, pp. 253-267.

R. Giacomelli, Contributi all'aeronautica e alla dinamica indebitamente attribuiti a Leonardo da Vinci, "L'aeronautica", XX, Rome 1940.

C. Rossi, Dalla rana di Galvani al volo muscolare, Milan 1940.

Jotti da Badia Polesine, Breve storia dell'aeronautica italiana. 2. Leonardo da Vinci, Milan 1941.

R. Marcolongo, Leonardo da Vinci artista e scienziato, Milan 1950, pp. 205-216.

C. Zammattio, Gli studi di Leonardo da Vinci sul volo, "Pirelli", IV, Milan 1951, pp. 16-17.

M. L. Bonelli, Leonardo e le macchine per volare, "L'illustrazione scientifica", 4, Milan 1952, 31, pp. 26-28.

V. Mariani, Le macchine volanti di Leonardo da Vinci, "Ciampino: aereoporto internazionale", Rome 1952, IV, 6, pp. 7-15.

R. Giacomelli, Leonardo da Vinci e la macchina di volo, "Scienza e vita", XLIV, Rome 1952, 42, pp. 395-408.

"Rivista aeronautica", 28, Rome 1952, 3, special issue dedicated to Leonardo (essays by S. Taviani, R. Giacomelli, L. Grosso).

A. Uccelli (with the collaboration of C. Zammattio), I libri del volo di Leonardo da Vinci, Milan 1952.

C. Zammattio, Le ricerche sul volo di Leonardo da Vinci, "Sapere", 35, Milan 1952, 413-414, pp. 88-91.

M. R. Dugas, Léonard de Vinci dans l'histoire de la mécanique, in Léonard de Vinci et l'expérience scientifique au xvie siècle, Atti del Convegno, Paris 1952, Paris 1953, pp. 88-114, in particular pp. 98-108: Du vol des oiseaux à la machine volante par la théorie du vol.

R. Giacomelli, I precursori, "Rivista aeronautica",

II, 12, 1953, pp. 759-800.

P. Magni, I libri del volo di Leonardo da Vinci [I, II e III], "Rivista d'ingegneria", 3, 1953, 4, pp. 393-400 [I]; 5, pp. 537-544 [II]; 6, pp. 645-651 [III].

C. Pedretti, Macchine volanti inedite di Leonardo, "Ali", 3, Turin 1953, 4, pp. 48-50.

V. Somenzi, Ricostruzioni delle macchine per il volo, in AA. VV., Leonardo. Saggi e Ricerche, Rome 1954 (1952), pp. 57-66.

C. Pedretti, Spigolature aeronautiche vinciane, "Raccolta Vinciana", XVII, Milan 1954, pp. 117-128.

C. Pedretti, L'elicottero, in Studi Vinciani, Genève 1957, pp. 125-129.

C. Pedretti, Il foglio 447E degli Uffizi a Firenze, in Studi Vinciani, pp. 211-216.

L. Reti, Helicopters and whirligigs, "Raccolta Vinciana", XX, Milan 1964, pp. 331-338.

I. B. Hart, Artficial flight and the flight of birds, in The world of Leonardo da Vinci man of science, engineer and dreamer of flight, London 1961, pp. 307-339.

Ch. H. Gibbs-Smith, The Aeroplane: An Historical Survey, London 1960.

Ch. H. Gibbs-Smith, A Note on Leonardo's Helicopter Model, in I. B. Hart, The World of Leonardo da Vinci, London 1961, pp. 356-357.

B. Gille, Les ingénieurs de la Renaissance, Paris 1964.

M. Cooper, The Inventions of Leonardo da Vinci, New York 1965 (in particular Flight, pp. 52-61).

Ch. H. Gibbs-Smith, Leonardo's da Vinci Aeronautics, London 1967.

Ch. H. Gibbs-Smith, Léonard de Vinci et l'aéronauthique, "Bulletin de l'Association Léonard de Vinci", 9, Amboise 1970, pp. 1-9.

E. Petitolo, Le carnet de vol de Léonard de Vinci, "Bulletin de l'Association Léonard de Vinci", 11, Amboise 1972, pp. 15-22.

O. Curti, Leonardo da Vinci e il volo, "Museoscienza", 15, Milan 1975, 3, pp. 15-25.

G. Dondi, In margine al codice vinciano della Biblioteca Reale di Torino. Note storico-codicologiche, "Accademie e Biblioteche d'Italia", XLII, 1975, 4, pp. 152-271.

C. Pedretti, Codice sul volo degli uccelli, in Disegni di Leonardo e della sua scuola alla Biblioteca Reale di Torino, Florence 1975, pp. 41-50.

I. Strazheva, Leonardo da Vinci and modern flight mechanics, in Leonardo nella scienza e nella tecnica, Proceedings of the international symposium on the history of science (Florence-Vinci 1969), Florence 1975, pp. 105-110.

Léonard de Vinci: l'art du vol, educational exhibition Caen 1978.

B. Dibner, Leonardo and the third dimension, in E. Bellone-P. Rossi (edited by), Leonardo e l'Età della Ragione, Milan 1982, pp. 79-100 (in particular, pp. 88-94).

C. Pedretti, Introduction to Leonardo da Vinci, The

codex on the flight of birds in the Royal Library at Turin, ed. by A. Marinoni, traslated from the Italian by D. Fienga, New York 1982 (Florence, Giunti Barbèra).

S. Nosotti (edited by), Leonardo da Vinci: l'intuizione della natura, exhibition catalogue (Milan 1983), Florence 1983, pp. 37-56.

C. Hart, Leonardo's theory of bird flight and his last ornithopters, in The prehistory of flight, Berkeley 1985, pp. 94-115.

P. Galluzzi, La carrière d'un technologue, in Léonard de Vinci ingénieur et architecte, exhibition catalogue, Montreal 1987, pp. 80-83.

M. Kemp, Les inventions de la nature e la nature de l'invention, in Léonard de Vinci ingénieur et architecte, exhibition catalogue, Montreal 1987, pp. 138-144.

C. Pedretti, Il Codice sul volo degli uccelli e i suoi disegni di carattere artistico, in I disegni di Leonardo e della sua cerchia nella Biblioteca Reale di Torino, Florence 1990, Appendix I, pp. 109-114.

G. P. Galdi, Leonardo's Helicopter and Archimedes' Screw: The Principle of Action and Reaction, "Achademia Leonardi Vinci", IV, 1991, pp. 193-201.

A. Ellenius, Ornithological imagery as a source, in R. G. Mazzolini (edited by) Non verbal communication in science prior to 1900, Florence 1993, pp. 375-390 (in particular, pp. 384-386).

M. Pidcock, The Hang Glider, "Achademia Leonardi Vinci", VI, Florence 1993, pp. 222-225.

P. Galluzzi, Leonardo da Vinci: dalle tecniche alla tecnologia, in Gli Ingegneri del Rinascimento da Brunelleschi a Leonardo da Vinci, exhibition catalogue (Florence 1997), Florence 1996, pp. 69-70.

D. Laurenza, Gli studi leonardiani sul volo. Spunti per una riconsiderazione, in Tutte le opere non son per istancarmi. Raccolta di scritti per i settant'anni di Carlo Pedretti, Rome 1998, pp. 189-202.

D. Laurenza, Leonardo: le macchine volanti, in AA. VV., Le macchine del Rinascimento, Rome 2000, pp. 145-187.

D. Laurenza (scientific co-ordination and text), Leonardo. Uomo del Rinascimento Genio del futuro, (5 volumes), Novara 2001-2003.

D. Laurenza, Leonardo da Vinci. Codice sul volo degli uccelli, in Van Eyck, Antonello, Leonardo. Tre capolavori nel Rinascimento, Turin 2003, pp. 70-73.

「鳥類飛行手稿」的版本

I Manoscritti di Leonardo da Vinci. Codice sul volo degli uccelli e varie altre materie. Published by T.

Sabachnikoff. Transcriptions and notes by G. Piumati. French translation by C. Ravaisson-Mollien, Paris 1893.

Leonardo da Vinci's Manuscript on the Flight of Birds, English translation by Ivor B. Hart, in "The Journal of the Royal aeronautical Society", XXVII, London 1923, pp. 289-317; Idem, The Mechanical Investigations of Leonardo da Vinci, London 1925, Appendix (II ed. Berkeley-Los Angeles 1963, introduction by E. A. Moody).

I fogli mancanti al Codice di Leonardo da Vinci nella Biblioteca Reale di Torino, edited by E. Carusi, Rome 1926.

Il Codice sul volo degli uccelli, edited by S. Piantanida, in Leonardo da Vinci, Novara 1939 (2a ed. 1956).

Leonardo da Vinci, Il Codice sul volo degli uccelli. Facsimile edition of the Codex. Transcriptions and bibliographical annotations by Jotti da Badia Polesine, Milan 1946.

Il Codice sul volo degli uccelli nella biblioteca reale di Torino. Diplomatic and critical transcription by A. Marinoni. Edizione nazionale dei manoscritti e dei disegni di Leonardo da Vinci edited by Commissione Vinciana, Florence 1976.

Leonardo da Vinci, The Codex on the Flight of Birds in the Royal Library at Turin, edited by A. Marinoni; introduction by C. Pedretti; English translation by D. Fienga, New York 1982.

Léonard de Vinci, Le manuscrit sur le vol des oiseaux [dans la] Bibliothèque Royal de Turin; preface by A. Chastel, introduction by A. Marinoni, presentation by S. Bramly, Paris 1989.

Cd-Rom I Codici multimediali di Leonardo da Vinci. Il Codice sul volo degli uccelli (transcription by A. Marinoni; presentation and apparatus criticus by D. Laurenza), Anaya Multimedia, Ernst Klett Verlag-Giunti Multimedia, Giunti Gruppo Editoriale, Istituto e Museo di Storia della Scienza di Firenze, Milan and Florence 2000.

國家圖書館出版品預行編目資料

彩色珍藏版達文西的飛行機械 / 多明尼哥・羅倫佐
(Domenico Laurenza)著；羅倩宜譯. -- 初版.
-- 臺北縣新店市 ： 世茂, 2009.10
面； 公分. --（科學視界 ； 121）
參考書目：面
譯自：Leonardo on flight
ISBN 978-986-6363-10-8（精裝）

1. 達文西(Leonardo, da Vinci, 1452-1519)
2. 學術思想　3. 飛行　4. 航空力學

447.55   98014821

科學視界 121

彩色珍藏版達文西的飛行機械

作　　　者／多明尼哥・羅倫佐（Domenico Laurenza）
譯　　　者／羅倩宜
主　　　編／簡玉芬
責任編輯／謝佩親
出 版 者／世茂出版有限公司
負 責 人／簡泰雄
登 記 證／局版臺省業字第 564 號
地　　　址／（231）台北縣新店市民生路 19 號 5 樓
電　　　話／（02）2218-3277
傳　　　真／（02）2218-3239（訂書專線）
　　　　　　（02）2218-7539
劃撥帳號／19911841
戶　　　名／世茂出版有限公司
　　　　　　單次郵購總金額未滿 500 元（含），請加 50 元掛號費
酷 書 網／www.coolbooks.com.tw
排版製版／辰皓國際出版製作有限公司
印　　　刷／世和印製企業有限公司
初版一刷／2009 年 10 月

I S B N ／978-986-6363-10-8
定　　　價／550 元

LEONARDO On FLIGHT by Domenico Laurenza
© 2004 GIUNTI EDITORE SPA Florence-Milan
www.giunti.it
© 2009 by Shymau Publishing Company for Taiwan Edition
Arranged through Jia-Xi Books Co., Ltd. Taiwan